Harald Pühl

OrganisationsMediation

Forum Psychosozial

Harald Pühl

OrganisationsMediation

Grundlagen und Anwendungen gelungenen Konfliktmanagements

Psychosozial-Verlag

Bibliografische Information der Deutschen Nationalbibliothek
Die Deutsche Nationalbibliothek verzeichnet diese Publikation in der Deutschen Nationalbibliografie; detaillierte bibliografische Daten sind im Internet über http://dnb.d-nb.de abrufbar.

Originalausgabe

Gesetzlich vertreten durch die persönlich haftende Gesellschaft Wirth GmbH,
Geschäftsführer: Johann Wirth
Walltorstraße 10, 35390 Gießen, Deutschland
06 41 96 99 78 0
info@psychosozial-verlag.de
www.psychosozial-verlag.de

Umschlagabbildung: Sophie Taeuber-Arp,
Vier Räume mit gebrochenem blauen Kreuz, 1932
Umschlaggestaltung & Innenlayout
nach Entwürfen von Hanspeter Ludwig, Wetzlar
Druck und Bindung: Majuskel Medienproduktion GmbH
Elsa-Brandström-Straße 18, 35578 Wetzlar, Deutschland
Printed in Germany

ISBN 978-3-8379-2743-6 (Print)
ISBN 978-3-8379-7412-6 (E-Book-PDF)

Inhalt

Warum OrganisationsMediation?

Seit Ende der 1970er Jahre berate ich Arbeitsteams, die sich an mich wenden, weil sie offene oder verdeckte Konflikte im Team, in der Leitung oder hierarchieübergreifend belasten. Manchmal wird dies auch auf indirekte Weise geäußert: »Wir wollen unsere Kommunikation verbessern.« Mein erstes Buch hieß dann auch im Untertitel *Konflikte erkennen und lösen* (Conrad & Pühl 1983). Es hat viele Jahre gedauert, bis ich – mehr oder weniger zufällig – auf das Mediationsverfahren gestoßen bin und mich darin auch ausgebildet habe. Die Wirkung auf meine bisherige Teamberatung war beeindruckend. Plötzlich fühlte ich mich in der Lage, Konflikte zwischen Mitarbeiterinnen und Mitarbeitern mittels dieser Methode rasch und nachhaltig zu bearbeiten. Es gab aber auch Nebenwirkungen, denn mir wurde sehr deutlich bewusst, wie stumpf die supervisorischen Mittel waren und durch welch mühselige Prozesse wir uns oft gequält haben, um zu Ergebnissen zu kommen. Es war manchmal ein ziemliches »Durchwurschteln«[1] mit hohem Energieaufwand für alle Beteiligten, für mich als Berater sowie für die Teammitglieder. Diese Erfahrung des »Durchwurschtelns« teile ich inzwischen mit vielen Kolleginnen und Kollegen aus der

1 Carla van Kaldenkerken (2003, S. 94) berichtet Ähnliches: »Zu oft habe ich als Mediatorin in Beratungsprozessen die Nachfolge von SupervisorInnen angetreten, die redlich bemüht waren, mit supervisorischen Methoden der Reflexion einem hoch eskalierten Konflikt auf die Spur zu kommen und ihn dadurch mit eskaliert haben.«

Beraterszene, die zu mir in die Ausbildung kommen, um OrganisationsMediation (OM) zu erlernen und diese in ihre Beratungspraxis zu integrieren. Sie alle berichten von ungeahnten Möglichkeiten der Konfliktklärung in organisationellen Kontexten, weil ihnen durch die Mediationsbrille ganz andere Möglichkeiten der Intervention in kritischen und konfliktären Situationen zur Verfügung stehen. Diese Erfahrung teilen ebenso Führungskräfte.

Aufgrund meiner überraschend guten Erfahrungen habe ich den Begriff *OrganisationsMediation* (Pühl 2003; 2005) schon sehr früh kreiert und an vielen Beispielen erläutert. Er grenzt sich gegen den Begriff *Wirtschaftsmediation* ab, den ich für Konfliktvermittlungen zwischen Unternehmen reserviere.

Im Fokus der OrganisationsMediation steht immer die Arbeitsfähigkeit der Mitglieder der Organisation und der Organisation als Ganzer:

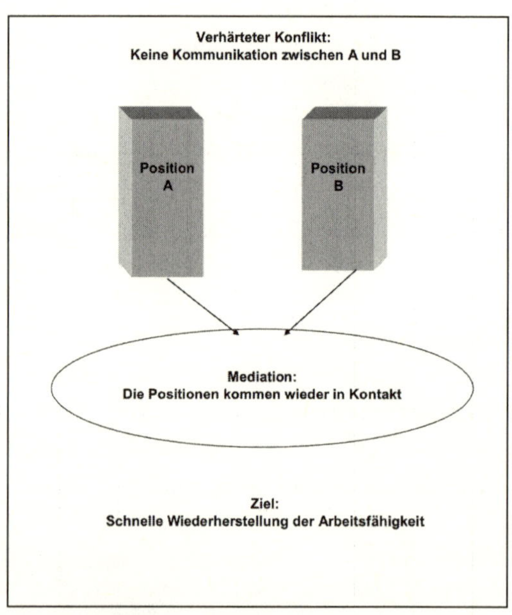

Abb. 1: Verhärteter Konflikt – Gestörte Kommunikation zwischen A und B

OrganisationsMediation (OM)

- ist eine Form der Konfliktklärung *innerhalb* einer Organisation, zum Beispiel zwischen Mitarbeitern, innerhalb eines Teams/einer Abteilung, zwischen Teams/Abteilungen, hierarchieübergreifend (Mitarbeiter/Team – Leitung), innerhalb der Leitung oder zwischen Betriebs- beziehungsweise Personalrat/MAV und Geschäftsführung.
- bietet mannigfaltige Kombinationen mit anderen Beratungsverfahren, zum Beispiel Organisationsentwicklung (OE), Teamberatung, Coaching mit Doppelspitzen – vor, während und nach der Mediation.
- geht davon aus, dass Konflikte auf der Beziehungsebene *immer* strukturell unterlegt sind, deshalb haben wir eine bifokale Sicht- und Interventionsweise (auf die konkreten Klienten[2] und deren Organisation bezogen).
- beginnt – wie jede Beratung – mit der Auftragsklärung: Was ist das Anliegen des Kunden, welches Verfahren ist das hilfreichste beziehungsweise in welcher Kombination, wer muss gehört und einbezogen werden (»Beratung über Beratung«)?
- hat immer mehrere Auftraggeber: Direkt Betroffene und strukturell Verantwortliche (Leitung, Personalabteilung, Betriebsrat). Mit allen Beteiligten wird der Kontrakt geschlossen (Triadenkontrakt).
- beinhaltet, dass Rückmeldungen an den vorgesetzten Auftraggeber verabredet und organisiert werden müssen, zum einen, weil er einer der Beteiligten ist, und zum anderen, um eventuell strukturelle Konsequenzen aus dem Konflikt einzuleiten.
- hat als gemeinsamen Bezugspunkt aller Beteiligten die organisationelle Arbeitsaufgabe – mit dieser ist der Organisationsmediator »parteilich« (Triade).

2 Ich bemühe mich, zwischen femininer und maskuliner Schreibweise zu wechseln. Da das meiste aus meiner persönlichen Sicht verfasst ist, überwiegt die männliche Form.

- ist ein Prozessgeschehen, bei dem der Organisationsmediator im Auge hat, dass im Prozess weitere Konfliktbeteiligte einbezogen werden können.
- reduziert Komplexität durch eine prozesshafte Vorphase bei komplexen Anliegen (Zwiebelschalenkonzept), das heißt vorbereitende Gespräche in übersichtlichen Zusammensetzungen. Ziel: Kontaktaufbau und Verstehen als Grundlage, damit die Beteiligten Vertrauen gewinnen, um sich einlassen zu können.
- kann die Beteiligten nach den Konfliktkosten fragen: Welche Auswirkungen hat der Konflikt, gibt es vermehrte Krankmeldungen, zeigen sich Auswirkungen jenseits des Subsystems (in anderen Abteilungen, bei Kunden), gibt es auffällige Qualitätsmängel in der Arbeit, in den Abläufen etc.?

In Organisationen kann über ausgebildete interne Konfliktlotsen und externe Mediatoren ein integriertes Konfliktmanagementsystem aufgebaut werden.

Folgende Konfliktebenen lassen sich identifizieren:

- zwischen einzelnen Kollegen
- innerhalb eines Teams/einer Abteilung
- zwischen Mitarbeitern und Vorgesetzten
- innerhalb der Leitung
- zwischen Management und Betriebsrat
- zwischen Subsystemen
- zwischen der Organisation und ihren Kunden/Zulieferern

Der Großteil meiner Aufträge bezieht sich hierbei auf die drei erstgenannten Ebenen. Das ganze Geschehen spielt sich in einem gesellschaftlichen Kontext ab, der mit dem wenig aussagekräftigen Begriff *Die Postmoderne*[3] bezeichnet wird. Rosa (2016, S. 518ff.)

3 Nachdem sich die Hoffnungen in die Endphase des Kapitalismus bisher nicht erfüllt haben, hat der *Spätkapitalismus* seine begriffliche Bedeutung verloren.

hat jüngst noch einmal auf die »dynamische Stabilisierung« hingewiesen, die »nur im *Modus der Steigerung*« den Erhalt und die Reproduktion der ökonomischen und gesellschaftspolitischen Organisationen gewährleisten kann. Nur ständiges Wachstum, Beschleunigung, politische Aktivierung und stetige Innovationsleistungen können den Status quo halten. Auf der individuellen Ebene ist eine zunehmende »Beziehung der inneren Beziehungslosigkeit« nach Rosa auszumachen. Wie jede gesellschaftliche Entwicklung ist auch diese Entwicklung in sich widersprüchlich. Der arbeitende Mensch kann sich auf dem Markt der Unberechenbarkeit und raschen Vergänglichkeit am ehesten als der »flexible Mensch« (Sennet 2000) behaupten. Die ständige Verfeinerung der sogenannten Softskills wie Empathie, Achtsamkeit, Selbstreflexion und dergleichen scheinen die Anpassung an die »dynamische Stabilisierung« zu erleichtern. Zu diesen Fähigkeiten der Selbstbehauptung zähle ich auch die Bereitschaft zur Konfliktfähigkeit. Der Ausbildungsboom in dieser Richtung mag als ein Beleg dafür gelten. So gesehen hat aus meiner Sicht der gesellschaftliche Druck (notgedrungen) spürbar zugenommen, sich Konflikten zu stellen und nach Lösungen zu suchen (selbstverständlich gibt es auch die gegenläufige Tendenz des Aussitzens und des Sich-Abschottens). Aufgrund der dynamischen Veränderungsprozesse mit ihren konflikthaften Nebenwirkungen sind die Organisationen zunehmend bereit, ins Konfliktmanagement zu investieren (dazu ausführlich Kapitel V). Ihnen bleibt im Grunde gar nichts anderes übrig, wenn sie sich am rasch wandelnden Marktgeschehen eine Überlebenschance sichern wollen. So wundert es nicht, dass bereits im Jahre 2008 ein »Round Table Mediation und Konfliktmanagement der Deutschen Wirtschaft« (RTMKM) gegründet wurde, in dem inzwischen über 60 Unternehmen organisiert sind, um

> »sowohl den Erfahrungsaustausch der Unternehmen in diesen Bereichen zu stärken als auch erstmalig und konsequent die Sicht der Nutzer und daher der potentiellen Nachfrager von Mediation

> und anderer Konfliktlösungsverfahren in die öffentliche Diskussion und Initiativen zu deren Förderung und Weiterentwicklung einzubringen« (RTMKM 2017[4]).

Traditionelle Hierarchiesysteme werden zunehmend durch radikal abgeflachte, teamförmige und netzwerkartige Kooperationsformen abgelöst. Damit einher geht die Erwartung an die Beschäftigten, ihre Arbeit nicht nach vorgefertigten Arbeitsweisen zu erfüllen, sondern proaktiv mitzudenken, unaufgefordert Probleme zu bewältigten und ihre Erfahrungen frühzeitig in Entscheidungen einzubringen. Das Ideal ist der intrinsisch motivierte Mitarbeiter, der wie selbstverständlich im Interesse der Organisation denkt und vorausschauend handelt. Als »Belohnung« locken größere Gestaltungsmöglichkeiten und Streicheleinheiten für die geschundene Ego-Seele. Das Gegenmodell dazu finden wir im öffentlichen Dienst, in dem die traditionelle Weisungshierarchie zu Hause ist und teilweise für ein belastendes Arbeitsklima sorgt.[5]

Konfliktkosten

OrganisationsMediation ist im besten Sinne eine Intervention, die geeignet ist, Konfliktkosten zu senken. Dass Konflikte erhebliche Kosten verursachen können, liegt auf der Hand. Offensichtlich zeigt sich dies in hohem Krankenstand, großer Personalfluktuation und massiven Arbeitsstörungen zwischen Mitarbeitern beziehungsweise Abteilungen. Nicht ganz so augenscheinlich sind die eher verdeckten Konfliktkosten, die sich in schlechter Arbeitsstimmung, innerer Kündigung, verärgerten Kunden etc. niederschlagen.

Durchschnittlich entsprechen die gesamten Konfliktkosten 20%

---

4 S. www.rtmkm.de (21.01.2014), dazu auch Briem & Klowait 2012.

5 Bezeichnenderweise liegen hier die Krankheitstage weit über der Norm, so betrug der Krankenstand im Berliner Landesdienst im Jahr 2016 beispielweise 37,5 Tage im Durchschnitt (*Tagesspiegel* v. 04.01.2017).

der gesamten Personalkosten, wie eine umfassende Studie[6] ergeben hat. Die Differenzierung der Konfliktkosten nach Organisationsebenen kommt zu folgenden Ergebnissen:

1. Führungsebene

10–15% der Arbeitszeit in jedem Unternehmen werden für die Konfliktbearbeitung verwandt und sogar 30–50% der wöchentlichen Arbeitszeit von Führungskräften.

2. Mitarbeiterebene

Die Kosten, die durch die *Mitarbeiterfluktuation* entstehen, lassen sich direkt errechnen, wenn man die Ausgaben für Personalsuche und Einarbeitung neuer Kollegen zusammenzählt. Schwerer zu beziffern sind die indirekten Kosten, die zum Beispiel durch den Mindereinsatz einer Mitarbeiterin entstehen, die schon lange auf dem Absprung ist und nicht mehr ihre volle Arbeitskraft zur Verfügung stellt, oder auch durch das spezielle Wissen, das durch den Weggang der Mitarbeiterin verloren geht und durch neue Kollegen erst im Laufe einer längeren Zeit aufgefüllt werden kann.

Krankheit und Fehlzeiten verursachen Kosten durch Arztbesuche, Reha-Maßnahmen, Wiedereingliederungen und Lohnfortzahlungen. Hinzu kommen eventuell indirekte Kosten durch reduzierte Leistungserbringung oder nötige betriebliche Umsetzungen aufgrund von Mitarbeiterkonflikten.

3. Teamebene

Hier treffen die meisten Konflikte aufeinander: Fluktuation, Einarbeitung neuer Mitarbeiterinnen und Mitarbeiter, Wissensverluste etc. Teilweise kann die Arbeit ganz zum Erliegen kommen, wenn Teams – oder Kollegen – bis zur Arbeitsunfähigkeit zerstritten sind.

---

6 KPMG Wirtschaftsprüfungsgesellschaft zusammen mit der Hochschule Regensburg im Jahre 2009.

4. Organisationsebene

Hier nennt die Studie zuerst Kosten, die aus *Über- und Unterregulierung der Organisation* entstehen. Bei einer Unterregulierung können wir uns vorstellen, dass viele Themen in der Organisation nicht geregelt sind, sodass ein hoher Diskussionsaufwand entsteht, der in sich selbst oft konflikthaft ist. Auch Überregulierung schafft durch die eingegrenzten Spielräume der Mitarbeiter Konfliktstoff durch Kompetenz- und Zuständigkeitsdebatten. In beiden Fällen ziehen sich solche Auseinandersetzungen über alle Hierarchiestufen der Organisation hinweg und absorbieren enorme Energien. Die Studie zählt auch Honorare für externe Beratung dazu, wenn sie aufgrund der über- oder unterregulierten Struktur erforderlich wird, ebenso Kosten für Mediationen, Arbeitsgerichtsprozess- und Anwaltskosten.

Wie die Studie eindrücklich zeigt, lassen sich Konfliktkosten durch entsprechende Interventionen und vor allem durch eine fehlerfreundliche Kultur senken. Die Machbarkeitsillusion, durch Mediation Konflikte auf Dauer abstellen zu können, erweist sich allzu schnell als Irrtum, denn Veränderungen führen fast zwangsläufig zu Spannungen, die immer wieder neu ausbalanciert werden müssen. Ist die Kultur offen für stetige Veränderungsprozesse, gelingt es leichter, Unterschiede und Spannungen auszubalancieren, weil bei den Mitarbeitern nicht nach Schuldigen oder Widerständlern gesucht wird, sondern sie in die Prozesse kommunikativ einbezogen werden.

Zur Geschichte der Mediation

In Deutschland wurde zuerst Christoph Besemer (1993) bekannt, der durch seine Arbeit in der Friedensbewegung das Potenzial der Mediation erkannte. Er weist darauf hin, dass diese Methode eine lange Tradition hat, wenn auch nicht immer unter dem Namen Mediation. So ist der Gedanke der friedlichen Konfliktbeilegung traditionell in Japan und China in Religion und Philosophie verwurzelt. Aus afrikanischen Volksstämmen ist das »Palaver« bekannt, bei dem eine angesehene Persönlichkeit als Vermittler dient. Hinweise sollen sich auch in der Bibel (Mt 18, 15–17) finden, »wenn Jesus empfiehlt, einen oder zwei Außenstehende hinzuzuziehen, wenn ein Regelverstoß nicht im direkten Gespräch bereinigt werden kann« (Besemer 1993, S. 47).

Duss-von Werdt (2015) findet Spuren von Konfliktvermittlung, die bis ins 6. Jahrhundert vor Christus auf den Griechen Solon zurückgehen, der von den Athenern als Vermittler bestellt wurde. Im selben Buch verweist er auf den Venezianer Alvise Contarini, der 1648 explizit als Mediator den Westfälischen Frieden zu Münster vermittelt hat. In unserem heutigen Verständnis taucht der Begriff Mediation zuerst 1947 in den USA auf, und zwar anlässlich des Einsatzes zur Konfliktvermittlung in Arbeitskämpfen. In diesem Zusammenhang wurde auch die erste Mediationsvereinigung »Ferderal Mediation and Conciliaton Service« gegründet und damit der institutionelle Rahmen für dieses Verfahren geschaffen.

Meines Erachtens gingen entscheidende Impulse zur Professionalisierung der Mediation auf das amerikanische Harvardkonzept (Fisher et al. 2004) zurück. Dieser Klassiker der Verhandlungstechnik bildete den Impuls für die *Trennungs- und Scheidungsmediation*, die in Deutschland in den 1980er Jahren zum Wegbereiter des Mediationsgedankens wurde. In den Scheidungsfällen geht es darum, die Gemeinsamkeiten in den Vordergrund zu stellen. So kann es etwa im Interesse beider Eltern liegen, die Zerrissenheit der Kinder durch den Trennungsprozess möglichst gering zu halten. Der Kampf um Sieg oder Niederlage kann dann durch ein Streben nach Ausgewogenheit der Interessen und Bedürfnisse für die Kinder abgelöst werden.

Impulse für die *Wirtschaftsmediation* kamen aus den USA, wo Rechtsstreitigkeiten bekanntlich ruinös für die Beteiligten ausgehen können. »Über 700 respektable Wirtschaftsbetriebe verpflichteten sich vertraglich gegenseitig, bei Streitfällen zunächst Mediation zu versuchen, bevor in gerichtliche Verfahren eingestiegen wird« (Heintel & Falk 2003, S. 58). Schon bald zeigten sich daneben ungeahnte Effekte wie beispielsweise höhere Arbeitszufriedenheit und besserer Informationsaustausch. Das Unternehmen Motorola gibt an, seine Konfliktkosten um 80% gesenkt zu haben.

Konzeptionelle Anleihen für die Wirtschaftsmediation bot sicherlich auch das Verhandlungskonzept nach Harvard. Ausgangspunkt für das 1979 gegründete interdisziplinäre Projekt war die Frage, wie selbst schwierige Verhandlungen zu einem Ergebnis geführt werden können, ohne dass eine Partei ihr Gesicht verliert und unter welchen Prämissen trotz konträrer Standpunkte eine interessenbasierte Einigung möglich ist. Es handelt sich ganz sicherlich nicht um ein Mediationsverfahren, weil das Entscheidende fehlt: der vermittelnde allparteiliche Dritte. Doch schon an dieser Stelle zeigt sich bei den Harvard-Prinzipien die große Nähe zur Mediation:

Zwischen Position und Bedürfnis unterscheiden

Wenn man nur von den zu Beginn eines Konflikts eingenommenen Positionen ausgeht, ist eine einvernehmliche – eine Win-win-Lösung – nicht möglich. Wenn man dagegen die dahinterliegenden Interessen und Bedürfnisse genauer betrachtet, dann besteht die Chance, für die andere Person Verständnis aufzubringen, und es wird dann leichter, eine Lösung zu finden. Damit wird der *Perspektivwechsel* zum Dreh- und Angelpunkt der Mediation.

Zwischen Mensch und Problem unterscheiden

Hier geht es um die Trennung von Person und Position (Problem). Aus vielen praktischen Erfahrungen wissen wir, dass dies eine große Herausforderung ist, ist es doch die Person, die die Position vehement vertritt. Dennoch hat es sich in Verhandlungen immer wieder als klärend erwiesen, den Versuch der Unterscheidung zu unternehmen. Auf der *Sachebene* bedeutet das die Frage: »Was möchte ich erreichen?« Die Sachebene spielt in Verhandlungen eine große Rolle. Die Mottos auf der *Beziehungsebene* könnten lauten: »Bestimmt in der Sache« und »Sanft in der Beziehung«, denn auch hier wirkt das Bedürfnis nach Anerkennung, auch wenn es auf den ersten Blick als solches im Verhandlungspoker nicht so leicht zu entdecken ist.

Die verschiedenen Ebenen eines Konflikts beachten

Meistens geht es in Konflikten nicht um den vordergründigen Streitgegenstand (Issue), sondern eigentlich um etwas ganz anderes – um lange zurückliegende, unbearbeitete Konflikte, Missverständnisse, Machtkämpfe oder Struktur- und Ressourcenkonflikte. Wenn diese verschiedenen Ebenen getrennt behandelt werden können, ist es sehr viel leichter, einen Konflikt zu bearbeiten.

Die Kommunikation im Konflikt aufrechterhalten oder wiederherstellen

Je weiter ein Konflikt eskaliert ist, umso ungenauer und vorurteilsbeladener wird die Kommunikation zwischen den Beteiligten. Es ist ein wesentliches Element der Konfliktbearbeitung, die Kommunikation nicht abreißen zu lassen. Dazu folgende Tipps:

- Vermeiden Sie Vorwürfe – sie provozieren Gegenvorwürfe oder trotzigen Rückzug.
- Leiten Sie die Absichten anderer niemals aus Ihren eigenen Befürchtungen ab.
- Schieben Sie die Schuld an Ihren eigenen Problemen nicht der Gegenseite zu.
- Versuchen Sie, Gemeinsamkeiten zu generieren.
- Fragen Sie (Wer fragt, führt) mit offenen W-Fragen (Wann, Wo, Wer, Wie).
- Geben Sie eine positiv formulierte Rückmeldung auf das Gesagte, um Missverständnisse zu vermeiden (hier wirkt das aktive Zuhören).
- Lassen Sie sich Zeit.
- Reagieren Sie nicht auf emotionale Ausbrüche der Gegenseite.

Nach neuen Lösungen suchen

Für viele Konflikte gibt es nicht nur die Lösung der einen oder anderen Partei, sondern vielleicht eine ganz andere. Oft ist schon viel erreicht, wenn die Konfliktbeteiligten sich darauf einlassen, gemeinsam nach anderen Lösungsmöglichkeiten zu suchen, statt all ihre Kraft darauf zu verwenden, ihre ursprünglich eingenommenen Positionen durchzusetzen.

Das Problem nicht dazwischen stellen

Soll die Verhandlung erfolgversprechend verlaufen, muss es gelingen, das Problem nicht zwischen den Partnern zu platzieren, sondern neben ihnen, sodass sich quasi ein Dreieck bildet aus den beiden Verhandlungspartnern und dem Problem vor ihnen. Das gelingt durch das Suchen nach dem oder den gemeinsamen Interessen. Auf diese richten dann beide den Blick.

Trotz seiner scheinbaren Einfachheit hat das Verhandlungskonzept einen Punkt fest verankert: Über den Streit um Positionen gibt es keine Einigung, die beide Konfliktparteien befriedigt (das ist nur möglich über die Klärung der Interessen und Bedürfnisse). Ich vergleiche die Position gerne mit einem neurotischen Symptom. Wie wir aus den Fallanalysen Sigmund Freuds wissen, ist das Symptom ein Symbol für einen tiefer liegenden Konflikt. Bedeutsam für unseren Kontext ist, dass es vom Betreffenden große Mengen psychischer Energie absorbiert, vergleichbar einer juristischen Auseinandersetzung zwischen Streitenden. Da werden Vorwürfe erhoben, Gegenargumente werden gesucht usw. Ärger ist der stetige Begleiter. Es gibt aber auch die andere Seite, die schon von Freud beschrieben wurde, nämlich den »sekundären Krankheitsgewinn«. So kann das Beschäftigen der Gerichte auch zum Lebensinhalt werden. Bekannt sind sogenannte Querulanten, die Institutionen mit ihren fortwährenden Eingaben zum steten Reagieren nötigen.

Kapitel I

Konflikte verstehen

Konflikte sind Kommunikationslöcher

Konflikte entstehen immer dann, wenn die Beteiligten – das können zwei Personen oder auch Personengruppen sein – nicht mehr ausreichend in der Lage sind, über die für sie wichtigen Dinge zu verhandeln. Den Verhandlungsbegriff habe ich dem oben skizzierten Harvard-Konzept entlehnt, da er meines Erachtens sehr genau den Konfliktkern trifft. Überall dort, wo die wechselseitige Kommunikation gestört ist, wo Missverständnisse, Vorwürfe, Beleidigungen oder trotziger Rückzug die Beziehung belasten, können die Konfliktbeteiligten die für sie relevanten Dinge nicht mehr angemessen besprechen und somit verhandeln. Wo Bewegung und Kommunikation notwendig wäre, finden wir eine versteinerte Kontaktstarre vor. Dies kann sich auf der Beziehungsebene zeigen oder auf struktureller Ebene. Immer ist es das Gleiche: Die Parteien verfügen in dieser Situation nicht über die nötige Verhandlungskompetenz, sie sind in ihrer Kommunikationskompetenz hilflos eingeschränkt. Wie die Abbildung 1 verdeutlicht, verhindert der Konflikt die angemessene arbeitsbezogene Kommunikation.

Beobachtungen zeigen, dass aus Missverständnissen schnell Kränkungen werden können, die die Konfliktschraube unversehens weiter nach oben drehen. Ist der Boden erst einmal in dieser Weise kontaminiert, finden sich immer wieder neue Anlässe, den Konflikt zu befeuern, sodass die Eskalationsdynamik zusehends an Fahrt gewinnt.

Das Opfer sieht sich in der vermeintlich schwachen Position. Es übernimmt die Rolle als passives Opfer, indem es sich selbst als machtlos erlebt. Der Gewinn dieser Rolle ist, dass man jammern darf und die andere Seite für sein Leid verantwortlich machen kann. Da es sich selbst nicht in der Lage sieht, die Situation zu ändern, gibt das Opfer die gesamte Verantwortung für sein Handeln und dessen Folgen an andere ab. Die Spaltungsdynamiken in Opfer/Täter, schuldig/unschuldig, stark/schwach haben immer zur Folge, dass der vermeintlich Unterlegene einen Gutteil seiner vitalen Energie an den vermeintlich Überlegenen abgibt und ihm selbst so die nötige Veränderungsenergie fehlt. In den von Friedrich Glasl beschrieben Eskalationsstufen (s. Abb. 6), in denen beide Parteien sich entfremden, fühlen sich beide Seiten zunehmend in dieser ohnmächtigen Position. Die Verantwortungsbereitschaft für das eigene Handeln verflüchtigt sich im Konfliktkampf.

Der Verführungsfaktor bei uns Mediatoren kann dazu führen, dass auch wir als Berater uns unreflektiert einer Partei besonders zuwenden, nämlich der Seite, die auch unsere eigenen verletzten Seiten anspricht. Wir werden dann, ohne es zu merken, zum Verbündeten des vermeintlich Schwachen und halten ihn so unbemerkt in der Opferhaltung fest, womit wir die Spaltung stabilisieren. Damit ist niemandem geholfen, denn wir haben es hier mit einem Fall »falscher Empathie« (Breithaupt 2017) zu tun.

Wenn es nicht gelingt, aus dieser Opferdynamik auszusteigen, befinden wir uns schnell mitten im »Drama-Dreieck«, wie es Eric Berne (2005) in seinem Konzept der Transaktionsanalyse beschrieben hat. Drei sich ergänzende – und auch wechselnde Rollen – sind charakteristisch: das Opfer, der Täter und der Retter.

Das *Opfer* sieht sich in der vermeintlich schwachen Position. Es übernimmt die Rolle als passives Opfer, indem es sich selbst als machtlos erlebt und die anderen beiden Rollen im Drama-Dreieck als mächtig. Der vermeintliche Gewinn dieser Rolle ist, dass man klagen kann und die anderen für sein Leid verantwortlich macht.

Der *Retter* im Drama-Dreieck ist der vermeintlich Gute. Der

Berater reagiert auf die Hilferufe des Opfers und greift helfend als Verbündeter ein – und beraubt sich somit ebenfalls eines guten Stücks seiner potenziellen Wirkungsmacht, da er seine Allparteilichkeit aufgibt.

Der *Verfolger* im Drama-Dreieck ist der vermeintlich Mächtige, in der Fantasie des Opfers die andere Konfliktpartei (wobei sich beide Seiten dieser Einstellung hingeben können). Es scheint, als wolle er das Opfer bestrafen oder zur Rechenschaft ziehen.

Wenn alle in ihren Rollen bleiben, dreht sich das Rad unaufhörlich und wird für alle Beteiligten zunehmend zu einer unveränderbaren Realität. Die Furche, in der das Drama läuft, wird immer tiefer und der Ausstieg immer schwerer. Der erste Aussteiger muss der Mediator sein, der die Beteiligten nicht mit der Opferbrille betrachtet, sondern ihre Verantwortung zur Konfliktklärung stärkt.

Missverständnisse, Kränkungen, Animositäten oder kleine Fehler bilden einen idealen Nährboden für jede Konflikteskalation. Dabei kann man durchaus beobachten, dass bei einer fortgeschrittenen Konfliktdynamik die subjektiven Streitpunkte der Parteien weit auseinanderdriften. Oder wie Glasl (1997) feststellt:

> »Je weiter der Konflikt eskaliert ist, desto mehr klaffen die Issues (die Standpunkte) der Parteien auseinander [...]. Mit der Zeit leben die Parteien hinsichtlich der Konfliktpunkte in völlig verschiedenen Welten. Als Folge können sie gar nicht anders als gegenseitig Erwartungen frustrieren, verschieden interpretierte Begriffe gebrauchen, die gegenseitigen Absichten falsch einschätzen usw.«

Das trifft eher für *Kränkungsdynamiken* zu, sie sind emotional dichter als Missverständnisse, wobei auch hier solche Tiefen nicht ausgeschlossen sind. Eine Erklärung, die ich in dem gegenseitigen Unverständnis sehe, sind subtile gegenseitige Projektionen. Zum einen erfüllen Projektionen die Aufgabe der Angstabwehr, eigene beunruhigende Anteile werden sozusagen beim anderen geparkt und umgekehrt. So stehen beide Konfliktparteien quasi mit gezogener Pistole schussbereit voreinander, um die eigenen Ängste im Zaum zu halten. Die Vermutung liegt nahe, dass es sich bei dieser Angstmobilisierung um frühe biografische Anteile handelt. Bei Kränkungen kann es sich um ein Nichtgeliebtwerden um seiner selbst willen, mangelnde Geborgenheit und unzureichenden Schutz vor Übergriffen und Grenzverletzungen von wichtigen Bezugspersonen handeln. Selbstredend sind es unbewusste Prozesse, die deshalb unkontrollierte Verläufe nehmen. Und je eskalierter der Konflikt, je stärker die gegenseitigen Vorwürfe, Ablehnungen, Angriffe und dergleichen, desto stärker die Mauer der Angstabwehr als Schutz vor Verletzungen. Die Konfliktpunkte bekommen dann, wie Glasl richtig feststellt, ein Eigenleben und entfremden sich zunehmend von den Konfliktparteien.

Nun wird im Alltag – und auch in der Mediationsliteratur – gerne von *Kränkungen* als Konflikthintergrund gesprochen, doch trifft dies in dieser vereinfachten Form nicht den Kern. Hilfreich um eine andere Folie aufzulegen, scheint mir die Differenzierung in Primär- und Sekundärgefühle. *Primärgefühle* sind die tieferen Gefühle wie Angst, Trauer, Hilflosigkeit oder Schmerz. Umgangssprachlich werden *Sekundärgefühle* oft als die eigentlichen Gefühle gesehen und subjektiv auch so empfunden. Sekundärgefühle erkennt man, wenn der Satz mit »Ich fühle mich von dir …« beginnt. In unserem Falle könnte er lauten: »Ich fühle mich von dir gekränkt!« Dafür findet jede Konfliktpartei dann auch reichlich Stoff. Dennoch verbirgt sich hinter dem »Ich fühle mich von dir gekränkt« nichts anderes als eine versteckte Täter-Opfer-Haltung. Anders ausgedrückt könnte es auch heißen: »Du (böser Kollege) hast mir etwas angetan, du bist der Täter und ich das Opfer!« Solche Täter-Opfer-Dynamiken sind, wie beschrieben, typisch für Konfliktdynamiken.

In hohem Maße störanfällig ist in Organisationen das Zusammenspiel innerhalb eines Bereichs und an den Nahtstellen bereichsübergreifender Zusammenarbeit. Die Folgen sind häufig Demotivation der Mitarbeiterinnen und Mitarbeiter und Reibungsverluste in der Organisation. Einer guten Teamkultur kommt deshalb große Bedeutung zu, auch als Beitrag zur Gesunderhaltung der Mitglieder und zur Burnout-Prophylaxe.

Am Beispiel der Teamberatung einer geschlossenen Psychiatriestation wurde mir dies plastisch sehr deutlich:

Bei der Eingangsfrage, wie es den Mitarbeitenden gehe, kam jedes Mal die Antwort »gut«. Anfangs war mir das in Anbetracht der Schwere der Arbeit mit Patienten, die sich durch ein hohes Maß an Selbstschädigung und Gewalt auszeichnen, kaum nachvollziehbar. Erklärt haben die Mitarbeitenden ihr Gutgehen mit der Freude, nach einigen freien Tagen wieder ihre Kolleginnen und Kollegen zu treffen. Der gute Rückhalt im Team stärke sie für die manchmal unerträglichen Herausforderungen.

Dazu passt die Theorie von Axel Honneth (1992), der im »Kampf um Anerkennung« ein Grundbedürfnis im menschlichen Zusammenleben und -arbeiten sieht (dazu mehr in Kapitel II).

Ergeben Konflikte »Sinn« und was bewirken sie?

Die Frage mag auf den ersten Blick sehr provokativ klingen, betonen doch die meisten Menschen ihren Wunsch nach Harmonie. Konflikte werden eher als lästig und belastend erlebt. Dem kann ich kaum widersprechen. Allerdings fordert das (Arbeits-)Leben uns durch stete Veränderungen immer wieder dazu heraus, bestimmte daraus resultierende Konflikte zu meistern oder, wie Peter Heintel sagen würde, zu balancieren. Die sicherlich beste Variante ist, diese Konflikte als Chance zu sehen und aktiv verändernd und klärend anzugehen. Die schlechtere Variante ist wohl, die Augen vor den Herausforderungen zu verschließen und damit die Chance für Entwicklung aus der Hand zu geben.

Welchen Sinn können Konflikte haben?[7]

Sigmund Freud (1917, S. 264) hat wohl als erster in seiner Konflikttheorie diesen Gedanken vertieft, wenn er schreibt »das Symptom sei hilfreich«. Ich greife hier aus zweierlei Gründen auf Freud zurück, erstens weil er gezeigt hat, dass (seelische) Konflikte verstehbar und damit potenziell heilbar sind, zweitens weil es sich meines Erachtens anbietet, verhärtete Standpunkte oder Positionen, wie sie in eskalierten Konflikten gebunden sind, ebenfalls wie ein Symptom zu sehen. Ich denke dabei an das Bild des Eisbergs, das in der Mediation zur Veranschaulichung oft herangezogen wird. Es symbolisiert, dass ein Konflikt erst dann im Konsens gelöst werden kann, wenn wir in die tiefere, verborgene Schicht vordringen, dorthin, wo wir die Interessen und Bedürfnisse freilegen können. Hier gleicht der Weg der Mediation dem der Psychoanalyse. Bei letzterer finden wir den Weg zum Verständnis der Konfliktdynamik, die sich im Symptom verbirgt, durch den Weg zum Unbewussten. In der Mediation finden wir einen Zugang ebenfalls, indem wir die tiefere Schicht über die Klärung der Interessen und Bedürfnisse freilegen (s. Kapitel II).

In fast allen organisationellen Konflikten verbirgt sich im Konflikt eine alte Kränkung oder Verletzung. Auf der kollegialen Ebene beobachte ich des Öfteren, dass sich ein Kollege benachteiligt fühlt, weil ein jüngerer Kollege bei der Besetzung einer Leitungsstelle vermeintlich bevorzugt wurde. Mit Honneth (1992) können wir verstehen, dass neben den Missverständnissen ausbleibende Anerkennung als Konfliktbeschleuniger wirkt. Der Kampf um Anerkennung findet meist subtil und verdeckt statt, er ist eingewoben in die alltägliche Kommunikation und deren Austauschprozedere.

Daraus ergibt sich, dass »ein sozialer Konflikt die Nichthinnahme eines gestörten Anerkennungsverhältnisses ist«. Der aktuelle Anerkennungsstatus wirkt sich direkt auf unser Gefühlsleben aus:

7 Vgl. Pühl 2010, S. 12ff.

- Wie stehen die anderen beziehungsweise wie steht der andere zu mir?
- Werde ich korrekt behandelt?
- Bekomme ich das, was mir zusteht?
- Fühle ich mich angenommen?

In der Reihenfolge von oben nach unten potenziert sich die Nichtwürdigung:

- Leistung (Bezahlung)
- Erbrachte Opfer und besondere Anstrengungen
- Zeitliche Reihenfolge des Hinzukommens zum System (Neueinstiger nicht bevorzugen)
- Zugehörigkeit zum System (wird die Führungskraft anerkannt?)
- Anerkennung dessen, was ist (Prinzip der Nicht-Leugnung, zum Beispiel Alkoholismus)

Zur Anerkennungshierarchie im Arbeitsleben

1. In der *Konfliktdarstellung*: Durch Verstehen des Anliegens durch den OrganisationsMediator (aktives Zuhören)
2. In der *Konflikterhellung*: Durch wechselseitiges Verstehen der Positionen (Perspektivwechsel durch »Stopfen«) und signalisierte Bereitschaft, sich von den Positionen weg zu bewegen
3. Schließlich muss es einen »heilenden« Ausgleich geben, der die Tatsache der Verletzungen würdigt (manchmal ist dies ein »Es tut mir leid« oder »So habe ich das nicht gemeint«)

Anerkennungsmodi in der Mediation (s. Kapitel III)

Aus dem Vorigen ergibt sich, dass Missverständnisse und subjektiv erlebte Kränkungen der Antreiber eines eskalierenden Konflikts sein können und in den meisten Fällen auch sind, wobei die Ursachen auf verschiedenen Ebenen angesiedelt sein können: auf der personellen Ebene, der materiellen oder der strukturellen. Nichtsdestotrotz manifestieren sich Konflikte im Arbeitsleben immer als Konflikte zwischen Menschen – die Rollen und Funktionen treten dann emotional erst einmal zurück – und deshalb beginnt der Klärungsprozess logischerweise auf der Kontaktebene.

Eine etwas andere Sicht auf den möglichen Sinn von Konflikten beschreibt Gerhard Schwarz (2005, S. 15ff.), Philosoph und Unternehmensberater; er spricht statt vom Konflikt lieber »vom Sinn eines Phänomens«, was für ihn bedeutet, »vorhandene Unterschiede zu verdeutlichen«. Diese finden wir in allen Organisationen aufgrund ihrer Hierarchisierung und Arbeitsteilung vor, somit auch innerhalb von Arbeitsteams und zwischen Führung und Team. Damit die Austauschprozesse trotz der damit zwangsläufig entstehenden Konkurrenz zwischen den Beschäftigten und dem Prinzip der Über- und Unterordnung überhaupt funktionieren können, kommt Schwarz zu folgendem Ergebnis:

»Konflikte stellen die Einheitlichkeit einer Gruppe her«, und zwar durch Überwindung von Unterschieden. Unterschiede entstehen immer dann, wenn Außenseiter, die zum Beispiel exponiert ihre Meinung äußern, nicht integriert werden können. Bekannt in diesem Zusammenhang ist das Sündenbockphänomen. An anderer Stelle (Pühl 2017, S. 103f.) habe ich die Sündenbockposition folgendermaßen beschrieben:

> »Der Sündenbock verkörpert für alle anderen eigene unbewusste Anteile, die als bedrohlich für das eigene Ich erlebt werden. Wo einfaches Verleugnen nicht ausreicht und andere Sicherungsmanöver nicht erfolgreich das psychische Wohlbefinden aufrechterhalten können, kann sich das Projizieren von ich-fremden Trieben und Merkmalen auf andere Personen als letzter Rettungsanker

> erweisen. Gegen das abgelehnte Gruppenmitglied wenden sich Projektionen der übrigen Gruppe, die sich zu einer gemeinsamen unbewussten Abwehrstrategie zusammengefunden hat. Prädestiniert für diese Rolle des Sündenbocks sind Personen, die von der Gruppennorm abweichen, stark ihrer Individualität Ausdruck geben oder Schwierigkeiten im Umgang mit Aggressionen haben, dabei zugleich unbewusst die angstbesetzten Teile der jeweiligen Gruppe anrühren und aufwühlen, ungewollt ins Wespennest stechen und die Latenz aktualisieren. So werden Sündenböcke ebenso wie abtrünnige Verräter streng bestraft, weil sie das von der Gruppe entwickelte Abwehrsystem in Frage stellen.«

Irgendwann gibt der Außenseiter seine Rolle auf, zieht sich zurück und fügt sich der Norm des Teams, wenn seine Beiträge nicht als hilfreich anerkannt werden. Dann brodelt es unter Umständen im Untergrund weiter. Der Konflikt wird zu einem »kalten Konflikt«, wie Glasl sagen würde.

Aber auch übermäßiger Erfolg eines Teammitgliedes gefährdet die Norm und kann zu Konflikten wie Neid und Eifersucht führen. »Mach uns nicht die Preise kaputt« war der erste Satz, den ich lernte, als ich einige Zeit als Kraftfahrer jobbte. Gemeint war damit, den LKW nicht vor den Kollegen auf dem Hof abzustellen (das kam mir entgegen, so konnte ich zwischendurch nach Hause fahren und in Ruhe ein kleines Nickerchen machen). Zusammenfassend kommt Schwarz zu dem Ergebnis, dass »der Sinn eines Konfliktes sowohl in seiner Funktion des Trennens als auch seiner gegenteiligen Funktion des Vereinens liegt« (Schwarz 2005, S. 22). Daraus zieht er das Resümee: »Der Versuch, dieses Spannungsverhältnis aufzuheben, würde Stillstand, das ist geistiger Tod, bedeuten« (S. 27).

Schwarz bezeichnet das oben Beschriebene als den Grundwiderspruch, aus dem sich andere Organisationskonflikte ableiten lassen, zum Beispiel »Konflikte garantieren Veränderung« und sichern die Zukunft nach dem Motto »Das Alte hat ausgedient, das unsichere Experiment des Neuen muss gewagt werden« (ebd.). Das bedeutet, dass Ablösungskonflikte auch identitätsbildend sein können. Der Autor (S. 157) konstatiert, dass die meisten »Organisationskonflikte heute auf Konflikte zwischen Subgruppen beziehungsweise zwischen Peripherie und Zentrum zurückzuführen« sind. Mögliche Themen können *Veränderungskonflikte* sein, die durch das rigide Festhalten an tradierten Normensystemen ausgelöst werden, oder *Strukturkonflikte*, die durch eine nichtfunktionale Kommunikationsarchitektur in der Organisation ausgelöst werden (zum Beispiel Projekt- vs. Linienmanagement). Glasl (1997, S. 66) würde dies vermutlich als *Systemveränderungskonflikt* bezeichnen: »Im Konflikt wird eine Änderung des Gesamtrahmens zur Diskussion gestellt beziehungsweise eine Änderung soll abgewehrt werden.« Dies finden wir regelmäßig bei Organisationsentwicklungsprozessen.[8]

Da Organisationen sich immer in Bewegung – sprich Veränderung – befinden, produzieren sie ständig einen immanenten Widerspruch. Je besser eine Organisation diesen Wandelprozess verarbeitet, desto besser kann sie sich weiterentwickeln. Deshalb bricht Schwarz ein Tabu und plädiert dafür, *destruktive Kritik* als konstruktive zu konnotieren, weil sie den Grundstein zur Erreichung einer konstruktiven Kritik bildet. Am Anfang ist immer destruktive Kritik, sie speist sich aus der Angst vor Veränderung. Sie stellt infrage, zwingt zur Abwägung und Präzisierung des Veränderungsvorhabens und sucht nach Wegen im Umgang mit dem Abschied vom Bisherigen. »Die Ideologie, die nur ›konstruktive Kritik‹ erlaubt, ist sehr oft eine Konfliktvermeidungsstrategie« wie Schwarz (S. 31) konstatiert.

Heintel und Falk (2006, S. 62) plädieren ebenfalls für ein positives Konfliktverständnis, wenn sie schreiben:

> »Die meisten Konflikte in Organisationen können nicht wirklich (auf-)gelöst werden, sie müssen vielmehr und ganz im Gegenteil

8 *Organisationskonflikte in der Entwicklung* (Glasl, Kalcher & Piber 2005, S. 26ff.) sind erstens die »Pionierphase«, dann die »Differenzierungsphase«, gefolgt von der »Integrationsphase« und schließlich viertens der »Assoziationsphase«.

> als Teil der Organisationsdynamik (an-)erkannt, auf Dauer gestellt und ›gepflegt‹ werden. Sie treten wiederholt und ›notwendig‹ zu Tage, und dies nicht nur von innen heraus verursacht, sondern auch aufgrund der ständigen Veränderungen der Unternehmens-Umwelten. Es sollte nicht versucht werden, Konflikte als ›lästig‹ und unnötig zu ignorieren oder entfernen zu wollen.«

In diese Richtung argumentiert auch Utz (1997, S. 48), wenn er »im Streit nicht a priori einen ›bloß negativen sozialen Faktor‹, sondern vielmehr einen konstitutiven Bestandteil gesellschaftlichen Lebens« sieht. Konflikte als integrierenden Bestandteil der Unternehmensentwicklung anzuerkennen und ihnen einen »Ort des Aushandelns« zuzuweisen, ist freilich immer wieder eine Herausforderung. Letztlich müssen Organisationen genauso wie jeder Einzelne immer wieder einen Weg des Loslassens finden – und das ist leichter gesagt als getan.

Peter Heintel (2005) sieht in vier Widerspruchsfeldern den Ursprung notwendiger Konflikte: Der *erste Widerspruch* ist an die Existenz des Menschen selbst gebunden. Hier misst er Konflikten einen anthropologisch bedeutsamen Wert bei und spricht deshalb vom *Menschen als »Widerspruchswesen«*. »Mensch und Natur, Mann und Frau, Jung und Alt, Leben und Tod usw.« sind solche Widerspruchspaare, auf die jede menschliche Kultur ihre jeweiligen Antworten immer wieder neu finden muss. Letzte Antworten gibt es nicht, da Gesellschaft ein evolutionärer Veränderungsprozess ist. Es ist wie bei einem Schachspiel, mit jedem Zug eines Spielers verändert sich zwangsläufig das Gesamtbild, die Grund-Figur-Konfiguration. Überaltert eine Gesellschaft, verändert sich das Verhältnis der Jungen zu den Alten und Themen wie Tod, Pflege und Einsamkeit gewinnen an Bedeutung. Bricht das Finanzsystem in Teilen zusammen, stellen sich Fragen nach Sicherheit, Zukunftsperspektiven, Arbeit und gesellschaftlicher Zugehörigkeit und dafür müssen Antworten gefunden werden. So ohne weiteres davon zu sprechen, dass Konflikte sinnvoll sind, kann zynisch sein. Sie können es erst in einem fortwährenden Reflexionsprozess werden, denn die »richtige Lösung« kennt vorab niemand.

»Die *zweite Art* von notwendigen Konflikten hat ihren Ursprung in *Unterschieden sozialer Konstellationen und Gebilde.* Insbesondere an den systemischen Schnittstellen finden sich zahlreiche Widersprüche«, so Heintel. In aufsteigender Komplexitätslinie finden wir auf der untersten Stufe die Identitätskonflikte des Einzelnen, dann auf der Paarebene Dreieckskonflikte mit ihren typischen Erscheinungen wie Eifersucht und Rivalität, die sich auf der Gruppenebene noch steigern. Dazu kommt, dass wir in Gruppen die Einschränkung direkter Face-to-Face-Kommunikation hinnehmen müssen.

Zur *dritten Gruppe* zählt Peter Heintel alle *systembedingten Widersprüche* und Konflikte. Denn jedes Sozialgebilde muss für seinen Selbsterhalt relativ stabile Grenzen aufbauen, in denen sich eine eigene Kultur des Arbeitens herausbilden kann. Denn ohne Grenzen diffundieren Systeme und werden handlungsunfähig. Der Widerspruch spielt sich genau an diesen Grenzen ab, da Systeme mit anderen verbunden sind, sich öffnen und austauschen müssen. Diese »Systemwidersprüche«, wie Heintel sie nennt, finden wir auch innerhalb unserer Organisationen wieder. Bekannt sind beispielsweise im Krankenhaus die Auseinandersetzungen zwischen Pflegern, Ärzten und ihren Führungsrepräsentanten. Solche *Abteilungsegoismen* sind typisch für unsere arbeitsteilige Gesellschaft, wenn sich zum Beispiel die Produktionsabteilung gegenüber der Marketingabteilung durch Nichtinformation abschottet. Was auf den ersten Blick so negativ konnotiert wird, erweist sich bei genauerer Betrachtung als Versuch einer Identitäts- und Sinnfindung auf dem gegebenen Niveau. Motiviertes Arbeiten ist ohne Identifikation mit dem eigenen Werk und den Kollegen nicht möglich. Jede Systemöffnung stellt diese lebenserhaltende Identifikation radikal infrage, mobilisiert Angst und führt verständlicherweise zum Widerstand. Fortwährende Flexibilität und Anpassung transzendiert Identität und fördert eine instrumentelle, letztlich krankmachende Einstellung zur Arbeit und zur eigenen Leistung.

In dieser Lesart können wir uns die Folgen agilen Arbeitens lebhaft ausmalen.

Die *vierte Gruppe* von Widerspruchsfeldern nennt Heintel diejenige *historischer Ungleichzeitigkeit*. Wir finden diese Ungleichzeitigkeit innerhalb und zwischen Gesellschaften, beispielsweise zwischen Verwahrern und Technologiefreaks oder zwischen Industrie- und Agrarstaaten.

In diesem Sinne verstehe ich Peter Heintel, wenn er davon spricht, dass Konflikte »nichtbalancierte Widersprüche« sind. Eine Definition, die mich sehr anspricht, da sie bedeutet, dass die Verhältnisse gleich welcher Art niemals auf Dauer schön beziehungsweise rund werden. Die Widersprüche zu balancieren fordert eine beständige Spannungs- beziehungsweise Ambiguitätstoleranz.

Auch wenn Heintel den Konfliktbogen hier weit spannt, stellt sich für ihn die Frage, wie wir die Konfliktursachen einer Lösung näherbringen können. Obwohl all diese Konflikte außerhalb der Individuen liegen, sollte die Konfliktlösung immer beim Einzelnen ansetzen, wie noch auszuführen ist.

Rollenkonflikte ergeben sich aus der Arbeitsteilung und entstehen urwüchsig in jeder Organisation. Stephan Kühl (2008, S. 41ff.) empfiehlt, dass diese Rollenkonflikte in der Organisation als »normale und legitime« Auseinandersetzungen verstanden, interpretiert und angesehen werden sollen. »Konflikte werden dabei als Ergebnis konkurrierender Organisationsrollen, als Ausdruck widersprüchlicher Programmierung oder als zwangsläufig zu Konflikten führende Formen der Arbeitsteilung verstanden. Mit der Zurechnung auf Personen wird ein Organisationsproblem personalisiert und damit der Bezug auf die Organisation abgeschwächt.« In diese Richtung argumentiert ebenfalls Heintel (2005, S. 26f.), wenn er darauf hinweist, dass Systeme dazu tendieren, Störpotenzial einseitig zu problematisieren. Am besten gelingt dies durch Schuldzuweisungen, Abqualifizierung oder Entwertung.

Arbeitsgruppen haben die Tendenz, in kleinere Untergruppen zu zerfallen oder fühlen sich durch zu enge Beziehungen zwischen

Einzelnen bedroht. Mögliche Themen können u.a. sein: *Untergruppenkonflikte, Rangkonflikte, Zugehörigkeitskonflikte, Territorialkonflikte* oder *Führungskonflikte*. Dies ist die Ebene auf der nach meinem Verständnis die OrganisationsMediation angesiedelt ist und wirksam werden kann.

Verschiebungskonflikte

Nach meinen Erfahrungen zeichnen sich die meisten Anfragen nach organisationsbezogener Beratung durch eine gewisse Diffusität aus. Mehr oder weniger dichter Nebel erlaubt nur vorsichtiges Herantasten an die versteckten Themen. Nun ist es mit den versteckten Themen nicht wie mit den Ostereiern, wenn die Eltern wissen wo die Eier zum Suchen deponiert sind, sondern Organisationskonflikte können an Orten auftauchen, an denen sie gar nicht entstanden sind.

Dazu bietet sich in Analogie die wahre Geschichte vom »Kleinen Hans« an, die Sigmund Freud (1926) erzählt. Sie handelt von einem befreundeten Vater, der Freud die Probleme seines Sohnes, eben des kleinen Hans, offenbarte. Dieser kleine Hans zeigte zunehmend Ängste vor Pferden, was seinen Vater außerordentlich beunruhigte, denn sie wohnten in einem Vorort Wiens, wo zur damaligen Zeit Pferde zum alltäglichen Bild der bäuerlichen Gesellschaft gehörten. Ich kürze die Geschichte hier ab: Freud und der Vater kamen zu der Erkenntnis, dass die Angst des kleinen Hans nicht den Pferden galt, sondern dem Vater selbst. Freud verhalf dies zur Erkenntnis des Ödipuskomplexes. Hans war nämlich fünf Jahre alt und begehrte – für dieses Alter typisch – seine Mutter. Dafür fürchtete er die Strafe (Kastration) durch den Vater. Für den kleinen Hans war es leichter, den Pferden auszuweichen als dem im Hause lebenden Vater.

Diese Verschiebungsmetapher hat Franz Wellendorf (2000) auf Organisationen übertragen. Hier bieten sich die institutionellen Strukturen geradezu an, die Probleme von einem Subsystem auf ein anderes zu verschieben. Das hat zur Folge, dass die Störungen in dem Subsystem, in dem sie auftauchen und mit dem der Berater arbeitet, gar nicht entstanden sein müssen. Versucht man als Organisations-Mediator die Konflikte in einem Team ausschließlich als Konflikte zwischen den Mitarbeitern oder zwischen Mitarbeitern und ihren Vorgesetzten zu bearbeiten, kann es passieren, dass man auf einem institutionellen Nebengleis fährt. Stoff in dieser Richtung wird es reichlich geben, sodass alle Beteiligten gar nicht merken, dass sie sich neben der Hauptspur bewegen. Es kann aber zur Folge haben, dass institutionelle Strukturkonflikte auf der Beziehungsebene abgehandelt werden. Dies kann zu einem quasi-therapeutischen Klima mit entsprechenden Schuld- und Inkompetenzgefühlen der Mitarbeiter führen. Sie müssen die Suppe auslöffeln, die sie sich gar nicht eingebrockt haben.

In meiner Beratungspraxis stoße ich beispielsweise immer wieder auf das Phänomen, dass es in Teams entweder zwei mehr oder weniger rivalisierende beziehungsweise zerstrittene Untergruppen gibt oder dass zwischen einzelnen Mitarbeitern unversöhnliche Streitigkeiten die Szene beherrschen. Häufig finden wir diese rivalisierende Spaltung auch zwischen verschiedenen Teams einer Organisation. Diese Streitigkeiten sind für den Außenstehenden meist nicht verständlich. Ich halte sie in der Regel für ein typisches Verschiebungsphänomen, und zwar für einen verschobenen institutionellen Konflikt. Meine Hypothese und beraterische Suchbewegung dazu geht immer in Richtung der Organisationsleitung beziehungsweise der für das Team fachlich verantwortlichen Stelle. Fast immer lässt sich in solchen Fällen feststellen, dass sich auf der Führungsebene ein Konflikt manifestiert hat, der nicht bearbeitet wird. Unbewusst hat er sich auf die Teamebene verschoben und zeigt sich hier häufig in Teamspaltungen, die für die Betroffenen bei genauer Betrachtung selbst kaum nachvollziehbar sind, die in ihrer vehementen Verhärtung das Arbeiten im Team aber zur Hölle werden lassen: »Ich muss schon seit zwei Jahren jeden Abend Schlaftabletten nehmen, um überhaupt runter zu kommen«,

»Wenn die eine Kollegin in Urlaub ist, weiß ich gar nicht wie ich es zur Arbeit schaffe, mir dreht sich morgens schon der Magen um«.

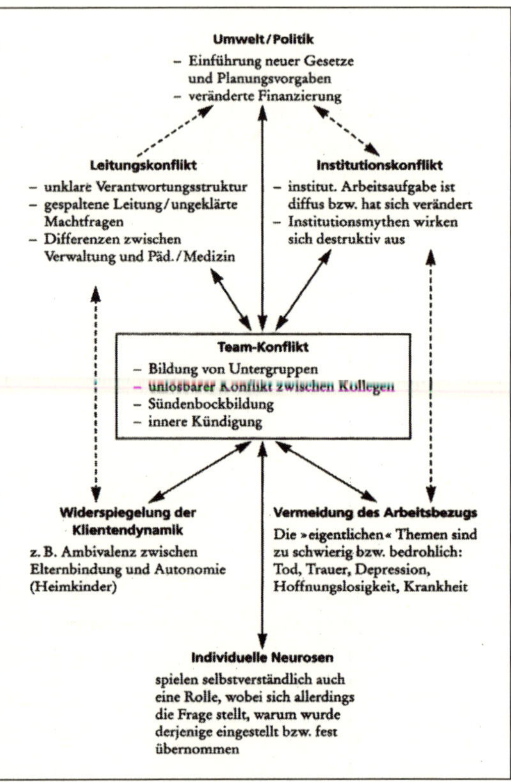

Abb. 2: Organisationelle Verschiebungskonflikte

Es gibt noch andere Phänomene, die oft Ausdruck verschobener Konflikte sind, wie zum Beispiel das Mobbing. Wenn wir auf das Beispiel Freuds zurückkommen, hat er das Problem des Kindes zusammen mit dem Vater bearbeitet. Übertragen auf unsere Beispiele hieße das, nicht nur mit dem Team zu arbeiten, sondern auch mit der Leitung. In der OrganisationsMediation findet dies seinen Platz in der Auftragsklärung sowie in der Auswertung zum Schluss der Mediation mit dem verantwortlichen Auftraggeber.

Heiße und kalte Konflikte

Friedrich Glasl (u.a. 1997, S. 65ff.) hat an verschiedenen Stellen darauf hingewiesen, dass auch die Kultur eines Teams beziehungsweise einer Organisation ein Konfliktfaktor sein kann. Als Orientierung unterscheidet er sogenannte heiße und kalte Konflikte. Als Haltung für die OrganisationsMediatorin empfiehlt sich bei *heißen Konflikten*, die Spannung zu drosseln, und bei *kalten Konflikten*, angemessen Gas zu geben. Das ist wahrlich leichter gesagt als getan.

Heiße Konflikte

Heiße Konlikte zeichnen sich dadurch aus, dass der Konflikt offen ist und, wie ich sagen würde, eine klare Gestalt hat. Es gibt ein Thema und identifizierbare Beteiligte. In den Auseinandersetzungen sind emotionale Explosionen wie Ärger, Wut oder Triumph möglich. Extrovertiertes Verhalten ist vorranging und bestimmend, negative Emotionen steigern sich ständig und entladen sich eruptiv, was für die Handelnden als belastend erlebt wird. Gesucht wird die direkte Konfrontation, ähnlich einem sportlichen Kräftemessen. Die Liste der strittigen Themen wächst zusehends. Häufig kommt es zu Reibungen, die dem Gedränge auf einem überfüllten Marktplatz gleichen. Dadurch überstürzen und beschleunigen sich die Kampfaktionen und es kommt zu unüberlegten Handlungen, die die Situation unübersichtlicher machen. Die heiße Konfliktaustragung steigert insgesamt das Überlegenheitsgefühl und den Siegesrausch der Kämpfenden.

Die Spielregeln der Auseinandersetzung könnten folgendermaßen lauten:

- Lass dir nichts gefallen! Gib kräftig Contra!
- Angriff ist die beste Verteidigung.
- Auf einen groben Klotz gehört ein grober Keil.
- Mach aus deinem Herzen keine Mördergrube!

- Wo gestritten wird, ist das Leben.
- Offene Konflikte stärken das Selbstbewusstsein.
- Wenn du Fehler gemacht hast, schiebe sie lautstark anderen in die Schuhe!

Ihrem Wesen nach lassen sich heiße Konflikte leichter bearbeiten, da sie gut sichtbar sind; sie sind als Konflikte erkennbar und damit potenziell veränderbar. Ich würde sagen, heiße Konflikte haben eine ausgeprägte Gestalt, sie sind nicht zu leugnen und haben damit einen starken Aufforderungscharakter.

Glasl zeichnet die Konflikteskalation über folgende Stufen nach:

- *Projektion:* Eigene Strebungen oder Haltungen werden nicht akzeptiert und dann in andere hineingedeutet.
- *Expansion* von Streitfragen: Die Konfliktparteien werfen weitere Streitpunkte in die Debatte und definieren jedes Phänomen, das mit der Konfliktpartei in Zusammenhang steht, als Streitpunkt.
- *Interpunktionsdivergenzen:* Die Konfliktparteien entwickeln ihre eigene Interpretation von der Entstehung des Konfliktes, seinen Ursachen, seiner Entwicklung; der Dissens im Hinblick auf diese Interpretation wird zu einem neuen Streitpunkt.
- *Ausweitung des sozialen Rahmens:* Die Konfliktparteien beziehen immer mehr Personen in den Konflikt ein.

Krise als Chance

Auch die offen gelebten Krisen zähle ich zu den heißen Konflikten. Der Satz »Krise als Chance« findet sich immer wieder in der Mediationsliteratur. Manchmal könnte er etwas Zynisches an sich haben, beispielsweise bei großen Naturkatastrophen oder schweren Krankheiten. Nach meinen beruflichen und persönlichen Erfahrungen kann diesem Leitsatz allerdings geradezu Emanzipatorisches zukommen. Wenn im Krisengemenge den fantasierten Verwünschungen dem oder der anderen gegenüber ausreichend Platz gewährt wird und all die Unanständigkeiten freien Lauf haben dürfen, dann kann es im guten Falle durchaus sein, dass danach in der Phase der Beruhigung und bestenfalls in der gespürten Trauer über den Verlust wieder ein Selbstreflexionsprozess einsetzt. In diesem können Fragen nach der eigenen Beteiligung zugelassen werden, die immer schmerzhaft sind, da sie am eigenen Ego kratzen und Schamgefühle überwunden werden müssen. Das Risiko der Kontaktaufnahme zum Gegenüber will aufrecht und in Demut gemeistert werden. Ich habe oft erlebt, dass der andere ebenfalls an der vertrackten Situation leidet, dies aber manchmal erst nach einer Gegenaggressionsattacke zugeben kann. Hier ist Stehvermögen gefragt. Mich erinnert diese Phase an eine Geschichte, die mir als Kind oft vorgelesen wurde und die mich sehr einnahm, die Geschichte vom Schlaraffenland, in der man sich, um in dieses Land zu kommen, durch einen dicken Reisberg essen musste. Es mag befremdlich klingen, aber so kommt mir dieser Prozess der Krisenmeisterung oft vor: Wenn es gelungen ist, sich durch diesen Konfliktberg zu fressen, ist man zwar nicht im Schlaraffenland, aber in einem neuen Zustand der Freiheit und der Möglichkeiten und Chancen zur Veränderung.

Vielleicht zeichnen sich Krisen überhaupt durch eine als bedrohlich erlebte Enge aus, die nur durch Eskalation auf die Spitze getrieben werden kann, um letztlich eine Lösung zu erreichen. Leider bedarf es dazu eines großen Maßes an Überwindung und Größe, sich diesem riskanten Unternehmen zu stellen, ist doch der Erfolg nicht sicher und in weiter Ferne. Aber es lohnt sich! Neben einer guten Portion Mut muss man jedoch auch die Hoffnung haben, dass es sich lohnt, dass die Beziehung wichtig genug ist.

Sind Konflikte sichtbar und spürbar eskaliert, haben sie eine klar fassbare Gestalt. Damit bieten sie die große Chance auf Veränderung, da es einen offensichtlichen Konflikt gibt und klar erkennbare Beteiligte, die sich streiten. Dazu ein Beispiel:

Fünf Bereichsleiter eines Dienstleiters suchten nach Beratung, weil in ihrem letzten Meeting bei allen Ärger über die unbefriedigende Arbeitsweise auftrat. Der Ärger schlug unmittelbar in Konflikte zwischen den Beteiligten um. In der zweistündigen Konfliktberatung wurde deutlich, dass alle Anwesenden fachlich kompetente und durchsetzungsstarke Persönlichkeiten waren. Jeder versuchte in den gemeinsamen Meetings, sein Anliegen nach vorne zu bringen, sodass ausgedehnte nervenzerreibende Diskussionen über das Prozedere entstanden. Kapitän in diesem Leitungsteam durfte keiner sein. Nachdem alle ihren Ärger und die damit verbundenen Enttäuschungen adressieren konnten, war die Arbeitsfähigkeit in der Mediation so weit hergestellt, dass die Interessen beziehungsweise Wünsche an die Zusammenarbeit aller eingesammelt und visualisiert werden konnten. Daraus ergab sich eine Konsensvereinbarung über die zukünftige Gestaltung ihrer Meetings. Neben einem konkreten Ablaufplan wurden auch rotierende Funktionen wie Zeit- und Strukturwächter festgelegt. So konnte ich mit folgenden Worten die Mediation abschließen: »Wenn Sie sich jetzt Ihren Prozess von hier aus rückwärts anschauen, haben Sie sich mit ihrem anfänglichen Konflikt doch ein schönes Geschenk in Form Ihrer getroffenen Vereinbarung gemacht.«

Kalte Konflikte

Den heißen Konflikten, also den offensichtlichen, stellt Glasl die *kalten Konflikte* gegenüber. In ihrer Dynamik sind sie unter Umständen viel brisanter, da schwerer fassbar. Aus Teamberatungen kennen wir das Phänomen, dass die Atmosphäre als vergiftet beschrieben wird, ohne dass konkrete Konfliktbeteiligte oder Strukturkonflikte benannt werden können. Irgendetwas schlummert unterm Teppich, nimmt aber keine rechte Gestalt an. Für die Austragungsform kalter Konflikte ist kennzeichnend, dass sich die Konfliktparteien hinter Regeln und Prozeduren verschanzen; das Klima ist häufig durch Sarkasmus und Ironie vergiftet. Durch das Erleben gegenseitiger

Lähmung kommen Ohnmachtsgefühle und Zweifel an der Lösbarkeit der belastenden Situation auf. Resignation und Rückzug sind das Ergebnis, denen nicht selten Burnoutgefühle im leichten Depressionsnebel folgen. Besonders prädestiniert für kalte Konfliktkulturen sind Religionsgemeinschaften gleich welcher Couleur, da die Übermacht moralischer Wertvorstellungen die kritische und offene Auseinandersetzung lähmt und Abweichungen vom Verhaltenskodex sanktioniert werden.

Typisch für kalte Konflikte sind die folgenden »heimlichen Spielregeln«:

- Nur keinen Streit – sonst können wir einander nicht mehr in die Augen schauen.
- Wer aggressiv ist, setzt sich ins Unrecht.
- Eine raue Sprache ist rüpelhaft und passt nicht in unsere kultivierte Gemeinschaft.
- Streit kann immer nur zerstören.
- Nichts wird so heiß gegessen wie es gekocht wird – warte ab!
- Wenn du Fehler gemacht hast, vertusche sie und lass dich nicht ertappen!

Als Möglichkeiten, einen kalten Konflikt aufzutauen, hält Glasl (2012, S. 22) es für besonders wichtig, den Beteiligten einen Extremschutz vor Beschämung und Verletzung zuzusichern, da er gerade das fehlende Vertrauen für konfliktkonstitutiv hält, das heißt die Beteiligten haben das Misstrauen wie Mehltau über die gesamte Szene gelegt. Um solche schwer fassbaren Konflikte zu erwärmen, schlägt der Autor folgende Möglichkeiten projektiver Fragen vor, um auf geschützte Weise mögliche Problemfälle zu benennen. Bei Teams können zirkuläre Fragen hilfreich sein:

- Was würde ein Kollege sagen, wenn ich ihn fragte, wie er das Klima in Ihrer Abteilung empfindet?
- Welche Gerüchte gibt es vielleicht in Ihrer nächsten Nähe?
- Was würden Sie einem Kollegen Ihres Vertrauens antworten, der sich um Ihr Wohlbefinden Sorgen machte und nachfragte?

Einzelgespräche können sinnvoll sein, um erstmal eine vertrauensvolle Atmosphäre zu gewährleisten.

Für mich hat sich der Blick bewährt, den die Autoren Stock und Lieberman (1976) vorschlagen, sie sprechen vom »fokalen Gruppenkonflikt«. Wenn es einem Team nicht gelingt, diesen gemeinsamen grundlegenden Konflikt zu lösen, kommt es zu einer Stagnation in der Entwicklung. Dabei kann es sich beispielsweise um einen Jung-alt-Konflikt handeln. Die lähmende Stagnation zeigt sich deutlich daran, dass im Team immer wieder über dasselbe gesprochen wird, ohne dass dies zu einer weiterführenden Klärung beiträgt. Nach einer Weile fortgesetzter Frustration wird nur noch über Belangloses geredet, oder die Gruppenkommunikation beschränkt sich auf Witze und konventionelle Höflichkeiten. Nach meinen Beobachtungen (Pühl 2017, S. 95ff.) gehört die Gruppenfraktionierung zu dieser Form von ungelösten Teamkonflikten: In gegenseitiger Ablehnung verharren zwei Parteien und leben nur von den gemeinsamen Fantasien über die andere Fraktionshälfte. Weder bringt dies die Untergruppen noch die Gesamtgruppe auch nur einen Schritt in ihrer Entwicklung weiter. All diese Lösungen bezeichnen die Autoren als »restriktive Lösungen«. Diese von der Gruppe nicht bewusst herbeigeführte »Lösung« dient immer der Verminderung beunruhigender Ängste.

Als weiterführende Sichtweise führen die Autoren den Begriff der »progressiven Lösung« ein. Gemeint ist damit, dass es in jedem Team und jeder Gruppe in der Regel auch Mitglieder gibt, die die Veränderungsseite repräsentieren, sich im Druck des Gesamtteams aber nicht so artikulieren können, dass ihre Beiträge als relevant an die Oberfläche dringen. So verharrt das Team weiterhin in gelähmter Stagnation. Aufgabe des OrganisationsMediators oder Teamleiters sollte es dann sein, diesen progressiven Kräften einen Raum zu geben, um Bewegung zu ermöglichen. Manchmal handelt es sich bei diesen Mitarbeitern auch um die sogenannten Omegas oder Sündenböcke, die die Repräsentanten der tabuisierten Themen sind. Ohne ausreichende Unterstützung und Vertrauen finden diese

Teammitglieder nicht den Mut, sich kritisch zu äußern und Konflikte zu benennen. Das haben sie in der Vergangenheit oft genug erfolglos versucht und wurden dafür von den anderen Teilnehmern mit Missachtung und Unverständnis abgestraft, bis sie aufgaben.

Ein Phänomen, das ebenso zu kalten Konflikten führen kann, sind tabuisierte Liebesbeziehungen oder Affären im Team oder in der Organisationsspitze. In solchen Fällen habe ich in einigen Teams eisiges Schweigen erlebt, das erst mal nicht verständlich war. Inzwischen bringe ich in solchen Fällen den Mut auf, direkt nach verdeckten Beziehungen zu fragen, mit fast hundertprozentiger Trefferquote. Dadurch werden wieder Dinge besprechbar und Entspannung stellt sich ein (vgl. Obermeyer & Pühl 2015) – wenn den Beteiligten ausreichender Schamschutz zur Verfügung gestellt wird.

Fazit

Zusammenfassend können wir Konflikte nach Ursachen und Situationen, in den sie auftreten, klassifizieren. Dabei lassen sich fünf Grundtypen unterscheiden:

1. Zielkonflikte

Ein Zielkonflikt ist gegeben, wenn zwei oder mehrere voneinander abhängige Personen gegensätzliche beziehungsweise konkurrierende Absichten und Zielsetzungen verfolgen. Das kann zum Beispiel so aussehen:

- *Abteilung A möchte eine höhere Produktivität*
- *Abteilung B möchte eine höhere Arbeitszufriedenheit*

Ein Zielkonflikt liegt auch vor, wenn Entscheidungen über den Kopf der Betroffenen hinweg getroffen werden. Insbesondere, wenn die Entscheidung mit den Zielen der Betroffenen unvereinbar ist. Häufige Ursachen für Zielkonflikte sind:

- *Mangelnde Absprachen*
- *Mangelnde Koordination*

2. Bewertungs- beziehungsweise Wahrnehmungskonflikte

Im Unterschied zu reinen Zielkonflikten streiten sich bei Bewertungskonflikten zwei Parteien über die Beurteilung des Weges auf dem ein gemeinsames Ziel erreicht werden kann:

Die Personalabteilung und die Geschäftsführung eines Unternehmens haben die gemeinsame Vorstellung, den Krankenstand zu senken und die Arbeitszufriedenheit zu verbessern, streiten aber über Konzepte, wie dieses Ziel erreicht werden kann.

Vielleicht unterscheiden sich Konfliktparteien durch die abweichende Beurteilung beziehungsweise Wahrnehmung einer gemeinsam erlebten Situation. Das könnte auch auf das obige Beispiel zutreffen.

Generell beurteilen die Konfliktparteien die Situation aus ihrer je spezifischen Perspektive. Häufige Ursachen sind:

- *Mangelnde Information*
- *Unterschiedlicher Kenntnisstand*
- *Unterschiedliche Einstellungen*
- *Mangelnde Fähigkeit, sich in die Perspektive des/der anderen zu versetzen*

3. Verteilungskonflikte

Konflikte können sich auch aufgrund einer subjektiv als ungerecht empfundenen Zuteilung von Ressourcen beziehungsweise Mitteln ergeben:

- *Mitarbeiter A arbeitet schon seit 10 Jahren im Team, aber Kollege B bekommt trotz seiner viel kürzeren Zugehörigkeit die neue Teamleiterstelle*
- *Abteilung A fühlt sich schlechter versorgt als Abteilung B*

Auch bei Verteilungskonflikten geht es meist nur nach außen hin um die konkrete Entscheidung, der innere Konfliktauslöser ist vielmehr häufig mangelnde Wertschätzung. Häufige Ursachen für Verteilungskonflikte können sein:

- *Mangelnde Ressourcen*
- *Ungerechte Verteilung*
- *Mangelnde Anerkennung*

4. Rollenkonflikte

Rollenkonflikte ergeben sich aus der Arbeitsteilung und entstehen urwüchsig in jeder Organisation, sie können als »normale und legitime« Auseinandersetzungen in der Organisation verstanden, interpretiert und angesehen werden. Konflikte werden dabei als Ergebnis konkurrierender Organisationsrollen, als Ausdruck widersprüchlicher Programmierung oder als zwangsläufig zu Konflikten führenden Formen der Arbeitsteilung verstanden.

5. Beziehungskonflikte

Konflikte zwischen Personen und Gruppen ergeben sich häufig aufgrund von Missverständnissen, Kränkungen und sogenannten Antipathien. Die Betroffenen suchen und finden im Alltag dafür ausreichend »Beweise«, um sich in ihrer Ablehnung bestärkt zu fühlen. Da dies beide Seiten auf ihre je eigene Weise versuchen – und dann noch nach außen kommunizieren –, eskaliert der Konflikt fortwährend. Unbewusst bieten sie sich damit für die Organisation als die Schuldigen an, die ursächlich für den Konflikt verantwortlich sind, und befördern damit die Tendenz, Konflikte zu individualisieren.

Sach- und Beziehungsebene

Jeder zwischenmenschliche Konflikt ist in eine Sachebene eingebettet, dennoch bietet es sich in den allermeisten Fällen als sinnvoll an, zuerst die belasteten Beziehungskonflikte zu lösen, um dann auf der Sachebene weitergehenden Klärungen zu ermöglichen.

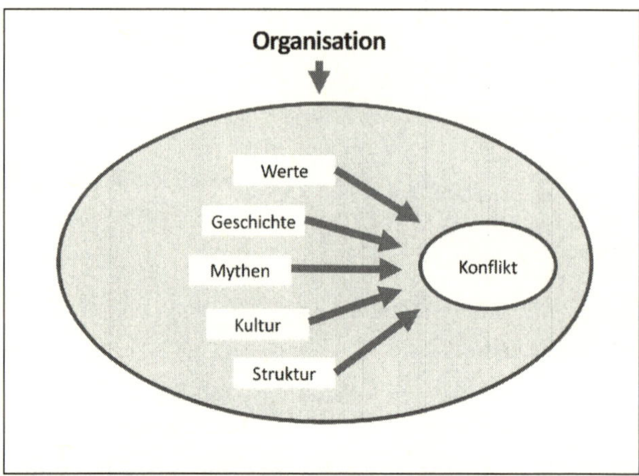

Abb. 3: Organisationelle Konfliktgebundenheit

Auf die Frage, ob Konflikte einen Sinn haben, können wir jetzt eindeutig mit Ja antworten. Sie sind ein deutlicher Hinweis für einen potenziellen Veränderungsprozess, der – bei beherzter Inangriffnahme – Wachstumspotenzial persönlicher und struktureller Art bereithält. Die Weichenstellung ergibt sich auch hier daraus, ob der Konflikt als Chance gesehen oder im Sinne des kalten Konflikts unter der Decke gehalten wird. Vielfach ist es sehr hilfreich, für diesen Prozess der Veränderung und Auseinandersetzung auf Unterstützung von außen durch Experten zurückzugreifen.

Kapitel II

Auftragsklärung: Vom Erstkontakt zum Kontrakt

Das 5-Phasen-Modell nach Glasl gilt nach wie vor als Orientierung für das Mediationsverfahren:

1. Vorphase/Auftragsklärung
2. Konfliktdarstellung
3. Konflikterhellung
4. Lösungsoptionen
5. Vereinbarung (Maßnahmensicherung)

Das Modell zeichnet sich durch eine klare Ablaufstruktur aus, die allerdings aufgrund der Komplexität in Organisationen vielfach variiert wird. Zum Beispiel entfällt in der OrganisationsMediation häufig die *Phase 4: Lösungsoptionen*, da bereits in Phase 3 von den Konfliktbeteiligten konsensuelle Vereinbarungen generiert werden, was insofern nicht verwundert, da sie mit ihren Kontexten und deren Möglichkeiten und Erfordernissen vertraut sind. Wenn sich der Konfliktknoten erst einmal gelöst hat, sind überraschend schnell einvernehmliche Lösungen möglich.

Phase 1: Auftragsklärung

»Jedem Anfang wohnt ein Zauber inne«, so beschreibt es Hermann Hesse 1941 in *Stufen* und so trifft es auch auf die OrganisationsMediation zu. Die Frage ist nur, wo hat der Anfang seinen Anfang? Bei den Ratsuchenden ganz sicherlich in einem schon länger währenden Prozess der gegenseitigen Entwertung und Konflikteskalation, vielfach unter Einbeziehung von Unterstützern und Zuschauern (den sogenannten Stakeholdern, s. S. 72). Aufseiten des Mediators können wir den Anfang mit der ersten Anfrage nach Unterstützung markieren. Wichtig zu wissen ist, dass die Auftragsklärung kein einmaliger Akt sein muss, sondern je nach Komplexität ein permanenter Prozess ist (vgl. Wellendorf 2000).

Auffällig ist, dass sich in der Literatur zu diesem aus meiner Sicht zentralen Punkt *Auftragsklärung* kaum Aussagekräftiges findet. In der Regel wird davon ausgegangen, dass es bereits eine sinnvolle Entscheidung für die Konfliktbearbeitung gibt. Aus diesem Grunde lassen sich eher Aspekte zur *Konfliktdiagose* finden – ganz zweifellos ein ebenso wichtiger Aspekt, aber zu einem Zeitpunkt, an dem das Pferd bereits gesattelt ist.

Das Zustandekommen einer Beratungsvereinbarung ist ein langer und sensibler Prozess; erst wenn interne Konfliktlösungsversuche nicht zum gewünschten Erfolg geführt haben, wird ein Mitglied der Organisation beauftragt, nach einem Mediator Ausschau zu halten. Dem geht oft ein intensiver interner Prozess voraus, der kulturspezifisch sehr unterschiedlich sein kann. Zuerst werden die eigenen Ressourcen angezapft. In Besprechungen, Konferenzen, Diskussionsrunden oder Zweiergesprächen wird nach Ursachen gesucht und Lösungen werden ausprobiert – oder auch nicht! Erst wenn all diese Bemühungen nicht zum gewünschten Erfolg geführt haben, wird im besten Falle die Möglichkeit erwogen, Hilfe durch externe Unterstützung in Anspruch zu nehmen. Dieser Schritt nach außen wird immer begleitet vom Eingeständnis, es selbst nicht geschafft zu haben, und kann mit Kränkungen und untergründigen Schamgefühlen verbunden sein.

Organisationen, die das Spiel der Suche nach Schuldigen überwunden haben, sind zunehmend bereit, interne Konfliktmanagementmodelle aufzubauen. Stabsstellen für Beratung werden auf- und ausgebaut, Mitarbeiter in Personalabteilungen werden zunehmend auch in Mediation aus- oder fortgebildet (s. dazu Kapitel V). Der unausgesprochene Wunsch, dadurch Angst- und Schamschwellen zu reduzieren, erfüllt sich nur in Grenzen. Handelt es sich um eine Misstrauenskultur, betrachten die organisationsinternen Klienten die internen Berater mit mehr oder weniger verhaltener Skepsis: Ob man ihnen vertrauen kann? Wie gehen sie mit meinen Informationen um? Denn interne Berater sind selbst Teil des Systems und damit oftmals Teil des Problems. In Vertrauenskulturen sind die Chancen, Konflikte durch Interne zu lösen, erheblich größer.

Entschließt sich eine Organisation, Hilfe von außen zu suchen, bedroht die Konfliktdynamik bereits in Teilen die Organisation oder gar als Ganzes die Arbeitsfähigkeit. Nun ist schnelle Hilfe gefragt und die Ergebnisse der internen Konfliktforschung werden an den externen Berater adressiert.

An dieser Stelle steht der Externe vor der Frage: Soll ich die angebotene Konfliktdiagnose übernehmen und welche Möglichkeiten der Einflussnahme habe ich? An diesem Punkt finden entscheidende Weichenstellungen statt, in welche Richtung der Beratungszug fahren wird und wie er aussieht: Ist es ein Regionalzug mit langsamem Tempo, wird es ein Schnellzug werden oder befinden wir uns gar auf einem Rangierbahnhof, auf dem der Zug immer nur hin und her fährt und den Beteiligten den Eindruck intensiver Arbeit vermittelt – nur das Ziel rückt keinen Millimeter näher? Um im Bild zu bleiben: In jedem Falle springt der Berater auf einen fahrenden Zug auf, der bereits aufgrund seiner Konfliktgeschichte ein gewisses Tempo aufgenommen hat. Gelingt es ihm, in das Führerhaus vorzudringen und auf Richtung und Tempo Einfluss zu nehmen, oder wird er im Speisewagen mit leckeren Gerichten bei Laune gehalten?

Kontaktaufnahme

Die erste direkte Kontaktaufnahme erfolgt häufig nach einer Anfrage in einem telefonischen *Erstkontakt* oder per Mail. In meiner Praxis sind es häufig die Personalabteilungen, an die sich die Konfliktbeteiligten mit der Bitte um Unterstützung gewandt haben. Manchmal sind es auch Geschäftsführer, die ihren streitenden Mitarbeitern eine Mediation nachdrücklich empfohlen haben, sicherlich mit dem Unterton einer Anordnung. Und als dritte Gruppe sind es hierarchieübergreifende Konflikte zwischen einer einzelnen Mitarbeiterin und ihrer Vorgesetzen oder mit einem Team. Zur vierten Gruppe der Konfliktprotagonisten zählen die Leitungskräfte selbst, manchmal sind es auch die Firmeninhaber.

In Mediationskreisen galt die *Freiwilligkeit* lange Zeit als oberstes Prinzip und ist in §1 des Mediationsgesetzes sogar verbindlich verankert. Selbstbestimmte Entscheidungen sind ein hoher Anspruch. Philosophen, Theologen, Juristen und Psychologen haben sich aus unterschiedlichen Perspektiven immer schon mit der Frage beschäftigt: »Was ist freier Wille und kann es ihn überhaupt geben?« Immer bewegte sich die Auseinandersetzung um die Dimensionen Freiheit und Gehorsam. Spätestens seit der Aufklärung war Freiheit das Gegenstück zum Absolutismus. Jetzt hatte der Einzelne die Verantwortung für seinen freien Willen und die individuelle Herausforderung der Gestaltung. In der Praxis von Mediation in Organisationen geht das Freiwilligkeitspostulat allerdings vollkommen an der Realität vorbei, denn der Schritt, Mediation in Anspruch zu nehmen, erfolgt hier immer aufgrund eines Drucks. Dies kann entweder ein individuell-innerer Druck (Schlaflosigkeit, Ausgebranntsein, psychosomatische Beschwerden usw.) oder/und ein äußerer Druck durch die klare Empfehlung des Vorgesetzten oder sogar durch seine Anordnung sein. Auf die eine oder andere Weise kommen alle meine Mediationen in organisationellen Kontexten zustande. Freiwilligkeit, das hohe Gut der Mediation, ist somit immer sehr relativ. Oftmals bewegt sich die Inanspruchnahme von Mediation auf einem sehr schmalen Pfad zwischen zwei schlechten Alternativen: Entweder zwei zerstrittene Mitarbeiter nehmen das Angebot ihrer Leitung zur Mediation an oder sie müssen Sanktionen befürchten, das heißt, die Leitung muss aus ihrer Führungsverantwortung heraus handeln, weil Konfliktmanagement in ihren Aufgabenbereich fällt. Ich sage gerne, dass Mediation keine Wellnessveranstaltung ist, die man zum puren Genuss aufsucht. Hilfreicher scheint mir von *relativer Bereitschaft zur Konfliktklärung* zu sprechen. Das beinhaltet auch, die anfängliche Skepsis und Befürchtung der Medianten ernst zu nehmen und sie dort abzuholen, wo sie gerade stehen. Dazu dienen auch die Einzelvorgespräche im Sinne eines Vertrauensaufbaus.

Einbezug des Auftraggebers

Wie in anderen arbeitsbezogenen Beratungen auch, haben wir es in der OrganisationsMediation häufig mit zwei Auftraggebern zu tun: Den konkreten Medianten und dem Vorgesetzten oder zum Beispiel der Personalabteilung. An dieser Stelle ist bereits die triadische Kompetenz des OrganisationsMediators gefordert, nämlich das Dreieck zu den beiden Auftraggebern mit ihren eventuell divergierenden Interessen zu balancieren. Im Kapitel zur Beraterhaltung werde ich diesen Aspekt vertiefend ausführen.

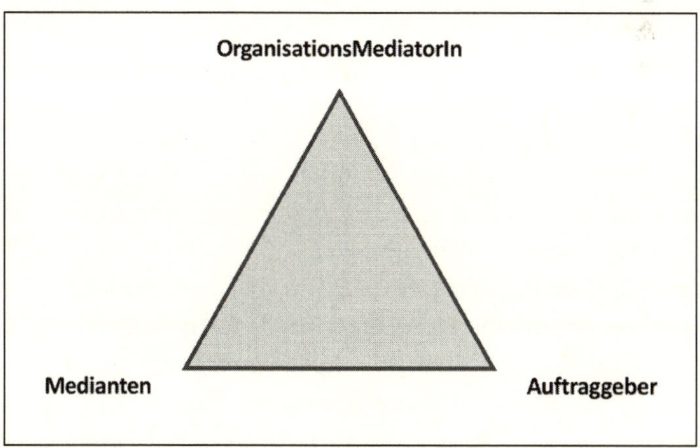

Abb. 4: Beratungstriade

Bei hierarchieübergreifenden Mediationen fallen oftmals Auftraggeberrolle und Mediantenrolle zusammen, wenn der verantwortliche Vorgesetzte selbst teilnimmt.

Der *Erstkontak*t zum Mediator wird oft per Telefon oder per Mail hergestellt. Der Anfrager ist der sogenannte Kontaktklient (Schein 2000). Fragen an ihn können sein:

- Gibt es einen aktuellen Anlass für die Beratung und wenn ja: welchen?
- Welche Rolle nimmt der Kontaktklient ein (Beteiligter, Auftraggeber, Beides)?
- Wer sind aus seiner Sicht die Konfliktbeteiligten?
- Gibt es von ihnen bereits eine Zusage, an der Klärung teilzunehmen?
- Welche Lösungsschritte wurden bisher unternommen?
- Wer zahlt das Honorar, gibt es bereits eine Kostenübernahmezusicherung?
- Gibt es schon Ideen für den nächsten Schritt?
- Kommen eventuell andere Beratungsformate infrage *(Beratung über Beratung)*, zum Beispiel Coaching, wenn sich an dieser Stelle bereits zeigen sollte, dass konflikthafte Lebensthemen im Vordergrund stehen?

Im Nachgang – oder schon während des Gesprächs – sollte der OrganisationsMediator folgende Fragen reflektieren:

- Welche Gefühle und Bilder löst das Gespräch bei mir aus: Wird eine spontane Lust mobilisiert, sich mit dem Anfrager weiter zu beschäftigen, oder überwiegen aversive Gefühle?
- Bei Lustgefühlen: Welche Infos brauche ich unbedingt, um ein Angebot für einen ersten Schritt zu machen?
- Scheint der Fall mediationsgeeignet oder könnten andere Interventionsverfahren sinnvoller sein?
- Wer darf auf keinen Fall übersehen werden – nimmt der Vorgesetzte teil und ist er selbst Teil des Konfliktes? Wie

kann er einbezogen werden, ist er schon informiert? Wenn nicht, wie wird der Kontakt hergestellt?

- Habe ich bereits eine spontane Idee für den Anfang?
- Wer muss dazu wie eingeladen beziehungsweise kontaktiert werden?
- Sollen Einzelvorgespräche stattfinden oder beginnt man mit mehreren Konfliktparteien?
- Wo findet das erste Kontaktklärungsgespräch statt (möglichst außerhalb der Organisation, zumindest in einem neutralen Raum)?

Zu diesem Zeitpunkt hat die OrganisationsMediatorin als Expertin des Verfahrens großen Einfluss auf die Gestaltung des Settings. Aufgrund der ersten Informationen muss sie einen Vorschlag für den ersten Schritt unterbreiten. Manchmal haben auch die Konfliktbeteiligten sehr konkrete Vorstellungen, dann muss die Mediatorin entscheiden, ob sie sich darauf einlassen kann oder ob ein Verhandlungsspielraum auszuloten ist. Hilfreich ist in jedem Falle, sich nach dem ersten festgelegten Schritt die Freiheit zugestehen zu lassen, das Setting zu modifizieren. Ed Schein (2000, S. 57) weist in diesem Zusammenhang auf Folgendes hin: »Die Problemdarstellung am Anfang fungiert dabei oft als Test, um die Reaktion des Helfers (Beraters) zu sehen. Das wirkliche Problem taucht erst später auf, wenn gegenseitiges Vertrauen aufgebaut ist.«

Wenn wir (Obermeyer & Pühl 2015) von *Beratung über Beratung* sprechen, ist dies genau in der ersten Phase, manchmal auch schon gleich im Erstkontakt, relevant. Watzlawick hat dafür das passende Bild vom Handwerker gefunden, der nur einen Hammer in seinem Werkzeugkasten hat und für den dann alle Probleme Nägel sind. So kann es auch Mediatoren geben, die nur in einem Beratungsverfahren zu Hause sind; für sie sind dann alle Konfliktanfragen mediativ zu bearbeiten.

Themen der Klärungsphase:
1. Die erste Problemdefinition überprüfen
2. Einen ersten Arbeitsfokus festlegen

Inhalt und Ziele:

3. Wer wird zur Bearbeitung benötigt? – Mitarbeiter, Abteilung, Team
4. Welches ist die geeignete Beratungsmethode?
5. Wer ist der geeignete Berater?

»Das Problem ist das Problem«

Schritt 1: *Die erste Problemdefinition überprüfen* mag vielleicht verwunderlich klingen. Dahinter verbirgt sich die Erfahrung, dass es vorkommt, dass der Kunde uns ein problematisches Anliegen schildert und als Lösung eine Mediation vorschlägt. Der Satz meint zweierlei: Die Problemschilderung des Kunden ernst zu nehmen und dennoch zu versuchen, herauszufinden, ob es hinter dem Thema noch ein relevantes stärkeres Thema gibt. Dann hätte die erste Problemdefinition die Qualität eines Präsentierthemas. Damit keine Missverständnisse auftreten: Damit ist keineswegs gemeint, dass der Kunde uns das eigentliche Thema vorenthält, für ihn stellt es sich erstmal so dar. Auch die Idee, ein Verfahren wie Mediation vorzuschlagen, kann seinen guten Erfahrungen in anderen Fällen entspringen oder aus Fachberichten mit einem vergleichbaren Kontext. Personalabteilungen sind in der Diagnosestellung eines Problems und einer Expertise für ein passendes Verfahren in der Regel sehr versiert. Aber nicht alle Organisationen verfügen über eine solch kompetente Abteilung. Dann sind wir als Beratungsexperten gefordert, unsere Expertise in die Verhandlung einzubringen. Vorstellbar ist, dass Konflikte zwischen Mitarbeitern dadurch entstehen, dass ein neues Rechenprogramm nicht einwandfrei läuft und dadurch Fehler und Missverständnisse auftreten. Dann wäre es sinnvoller, zuerst eine Fortbildung in dieser Richtung zu initiieren. Solche Hinweise sind oft schon im ersten Kontakt verifizierbar.

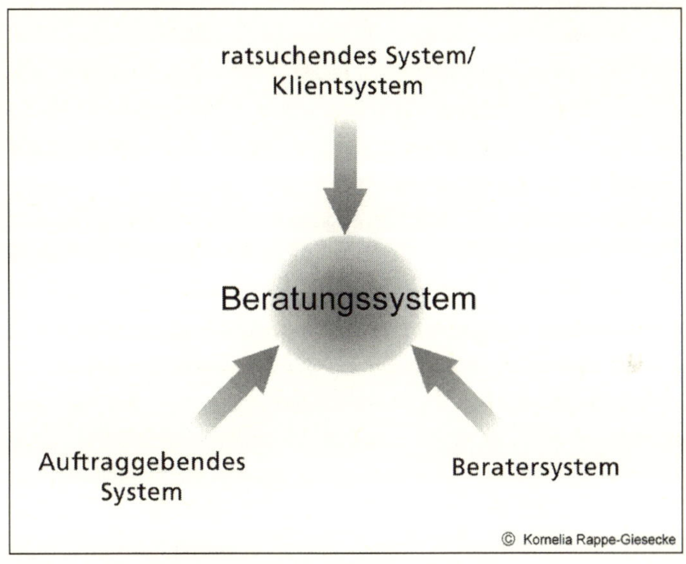

Abb. 5: Beratungssystem (Rappe Giesecke 2009, S.17)

Am Beginn jeder arbeitsbezogenen Beratung steht die Frage, wie das sogenannte Beratungssystem (s. Abb. 5) zustande kommt. Das Bild gibt einen einfachen, klaren und dennoch komplexen Eindruck von dem wieder, was sich zu Beginn jeder Beratung abspielt. Aus der hier vorgenommenen Perspektive des Beraters – er gehört zum Beratersystem – geht es darum, gemeinsam mit den Verantwortlichen des Auftraggebersystems und den unmittelbaren Klienten das Beratungssystem zu konstituieren. Das klingt im ersten Moment logisch und relativ simpel. Doch schon über die Frage, wer zum Auftraggebersystem zählt, kommt es oftmals zu unterschiedlichen Einschätzungen. In der Praxis erleben wir es fast regelhaft, dass Auftraggeber und ratsuchendes System auseinanderfallen und deshalb durchaus unterschiedliche Erwartungen an die Beratung richten.

Die Aufgabe des Beraters als dem Experten dieses Verfahrens ist es, mit den Beteiligten das Beratungssystem zu konstituieren – ein ebenso spannendes wie riskantes Unterfangen.

Mein inneres Bild dazu schließt sich an die Abbildung 5 an: Mein Ziel ist es, einen möglichst großen Aktionsradius für mich als Berater zusammen mit den Beteiligten auszuhandeln. Expertenkompetenz ist an dieser Stelle gefragt und der Mut, diese Kompetenz anschlussfähig zu kommunizieren.

Es geht darum, den Beratungsprozess zu einem Möglichkeitsraum (Winnicot 1974) zu entwickeln. Ich erlebe immer wieder, dass diese Bewegungs-Räume sehr unterschiedlich groß sein können und damit auch mein eigener Spielraum in dem ich arbeiten kann (vgl. Pühl 2016). Im Abschnitt *Haltung* gehe ich darauf vertiefend ein.

Die Frage, welches Verfahren für das angebotene Anliegen das angemessene ist, stellt sich aus zwei Gründen immer wieder, und zwar für alle organisationsbezogenen Beratungsverfahren:

1. Weil die Auftraggeber eine möglichst schnelle Lösung wünschen und deshalb Druck machen, unverzüglich zur Umsetzung zu kommen.
2. Weil Berater aus verständlichen Gründen das Verfahren zur Anwendung bringen möchten, das sie am besten beherrschen. Wenn sie nur in einem Verfahren fit sind, kann es ihnen wie dem beschriebenen Handwerker gehen, für den alle Probleme Nägel sind.

Interventionen im Sinne der Mediation sind immer dann angemessen, wenn die betroffenen Konfliktbeteiligten bestimmte Anliegen selbst nicht mehr befriedigend verhandeln und zu einer Lösung kommen können. Dann entstehen »Löcher« im Organisationshandeln. Aber nicht nur das, die Beteiligten verlieren den gemeinsamen Arbeitsbezug zunehmend aus dem Auge. Die Konfliktspannung versperrt den Blick auf das Ganze.

Sollte die Wahl für den nächsten Schritt zugunsten der Mediation ausfallen, hängt die Indikation für das erste Setting von meiner Einschätzung der Konflikteskalation ab: Wenn ich den Konflikt als nicht hoch eskaliert einschätze, beginne ich die erste Sitzung mit den im Erstkontakt benannten Konfliktbeteiligten. Bei stark konfliktbeladenen Konflikten und ebenso bei hierarchieübergreifenden Konflikten schlage ich Einzelvorgespräche vor. In diesem Stadium befinden wir uns noch in der Explorationsphase, in der es um die angemessene Passung für das Anliegen des Kunden geht. Für Faller (2014a, S. 88f.) haben sich sechs Schritte zur transparenten Gestaltung des Settings als sinnvoll erwiesen:

1. *Die systematische Einordnung des Konflikts* (Wer? Bedeutung für die Organisation?)
2. *Die Definition des Konflikts* (Auf welcher Ebene: personell, materiell, strukturell?)
3. *Die Eskalation des Konflikts* (anhand der Eskalationsskala nach Glasl, s. Abb. 6)
4. *Die Entscheidung über die Bearbeitungsrichtung* (bei personellen Konflikten: klassische Mediation; bei überwiegend materiellen Aspekten: Verhandlungstechniken; bei strukturellen Aspekten: Elemente der Personal- und Organisationsentwicklung)
5. *Auswahl der Techniken* (Tools)
6. *Das Design der Konfliktbearbeitung* (Übereinkunft über das Verfahren)

Diese Punkte sind für mich global in der Auftragsklärung aufgehoben und lassen sich meines Erachtens in der Praxis nur selten systematisch abarbeiten. Eine andere Haltung vertrete ich hinsichtlich der Anwendung der Eskalationsstufen von Glasl (1997).

Phase I
Die Konfliktparteien sind sich der Spannungen und Gegensätze bewusst und bemühen sich auf rationale Weise, sie zu lösen. Misslungene Lösungsversuche tragen zur Vertiefung von Spannungen bei. Dennoch bemüht sich jede Seite, mit der Gegenpartei an der Bewältigung der Konflikte zu arbeiten. Kooperation und Konkurrenz sind gleichermaßen vorhanden:

Stufe 1: Spannung und Verhärtung
In der Diskussion verhärten sich Standpunkte. Die Konfliktparteien schließen sich oft nach außen ab und erstarren in ihren Haltungen

Stufe 2: Polarisation
Unterschiedliche Standpunkte haben vor Beginn der Konflikte für Kreativität und Anregung gesorgt. Jetzt werden sie extrem polarisiert und fixiert.

Stufe 3: Konfrontation mit Handlungen
Die Parteien können einander mit Worten nicht mehr erreichen und überzeugen. Darum tun sie jetzt einfach das, was sie selbst für gut halten und stellen die Gegenseite vor vollendete Tatsachen. In dieser Phase wirken Mechanismen der selbsterfüllenden Prophezeiung.

Phase II
Wenn es den Parteien nicht gelingt, das Abgleiten in Erstarrung und Beharrung zu beenden, zeigen sich härtere Konfrontationen und die Parteien bedienen sich nun schärferer Mittel, um ihre Standpunkte durchzusetzen:

Stufe 4: Image und Koalitionsbildung
Jede Partei entwickelt von der eigenen Seite ein besonders positives Bild und von der Gegenseite ein negatives Bild.

Stufe 5: Offener Angriff und Gesichtsverlust
Die Parteien stellen jetzt die moralische Integrität des Gegners infrage. Sie, »demaskieren« einander, denn jede Partei erkennt am Gegner nur noch negative Persönlichkeitsmerkmale. Die jeweilige Gegenpartei wird sozial weitgehend isoliert.

Stufe 6: Drohstrategien
Die Parteien möchten einander zum Nachgeben zwingen und sprechen Forderungen aus. Wenn diese nicht erfüllt werden, wird eine gewaltsame Aktion, eine Sanktion, in Aussicht gestellt, die erheblichen Schaden verursachen wird.

Phase III
Mit der Entwicklung der Eskalation hat Radikalisierung stattgefunden. Es geht nur noch um das Handlungsmuster des Verlierers (Verlierer gegen Verlierer), zu gewinnen gibt es nichts mehr.

Stufe 7: Begrenzte Vernichtungsschläge
Drohungen gehen in Aktionen über, um den Gegner an der Ausführung seiner Drohung zu hindern. Es werden vorerst nur die Mittel zerstört, mit denen die Drohung ausgeführt werden könnte.

Stufe 8: Zerstörung des Gegners: Zersplitterung
Die Konfliktparteien zerstören wechselseitig die Potenziale des Gegners, so werden zum Beispiel aus Maschinen unersetzliche Teile ausmontiert. Die Gegenpartei wird so weit geschädigt, dass eine Regeneration kaum noch möglich erscheint.

Stufe 9: Vernichtung und Selbstvernichtung
Die Gegner sehen keinen Weg mehr zurück. Die totale Konfrontation zielt auf die endgültige Vernichtung. Jede Partei ist zum Äußersten bereit, auch wenn dies Selbstvernichtung mit sich bringt. Im Untergang erleben sie noch den Triumph, dass mit ihnen auch der Gegner untergeht.

Abb. 6: Die 9 Eskalationsstufen nach Glasl (1997)

Dabei geht Glasl davon aus, dass auf den ersten drei Stufen Moderation oder Supervision die Verfahren der Wahl sind, weil die Konfliktparteien noch in der Lage sind, unter Anwesenheit eines neutralen Dritten zu verhandeln – das können zum Beispiel interne Konfliktlotsen sein. Erst auf den Stufen 4 bis 6 hält er Mediation für das geeignete Verfahren und ab Stufe 7 einen *Machteingriff* durch die Führung.

Ich kann dieser Schematisierung nicht so ohne Weiteres folgen. Zum einen lässt diese Einteilung die genialen Möglichkeiten außer Acht, verschiedene Verfahren zu kombinieren, und zum anderen geht mir – zumindest für unser Thema Organisationskonflikte – der Fokus auf die »Arbeitsfähigkeit« verloren. Das ist für mich die entscheidende Messlatte, anhand welcher ich mich für oder gegen Mediation entscheide. Und hierin sehe ich auch die herausragende Qualität dieses Verfahrens: die relativ schnelle Wiederherstellung von Kommunikations- und Verhandlungsfähigkeit bei Konflikten zur Wiedererlangung der Arbeitsfähigkeit. Wie die »aussichtslosen Fälle« (s. Kapitel IV) zeigen, ist nicht der Eskalationsgrad die Richtschnur, sondern die *relative Bereitschaft zur Klärung eines Konflikts*. Dabei spielt die Bereitschaft der Führungskraft als verantwortliche Konfliktmanagerin eine herausragende Rolle.

Ein anderes Thema ist, wie der Mediator das Vertraulichkeitspostulat[9] handhabt. Für mich als OrganisationsMediator hat sich

9 S. Mediationsgesetz §1.

hier das Transparenzgebot als sinnvoll erwiesen. Die Medianten wissen um meinen Kontakt zum Vorgesetzten und strukturelle Ergebnisse aus der Mediation werden in Absprache an die Führungskraft zurückgemeldet. Ähnlich verfahren wir schon lange im Team-Coaching (beziehungsweise in der Team-Supervision): Vertraulichkeit in persönlichen Dingen, Offenheit in strukturellen Dingen (vgl. Obermeyer & Pühl 2015). In jedem Falle muss eine Feedbackschleife zum verantwortlichen Auftraggeber vereinbart werden. Dies schon deshalb, weil die Honorare immer von der Organisation getragen werden. Auch deshalb stellt Organisations-Mediation eine Systemintervention dar.

Das Prinzip lautet top-down, frei nach dem Motto: »Die Treppe wird auch von oben gefegt.« Der Grund liegt in der Auftragsklärung begründet, wonach der Verantwortliche der Abteilung beziehungsweise des Teams für das Konfliktmanagement zuständig ist. In dieser konflikthaften, schwierigen Phase tritt er für eine begrenzte Zeit das Konfliktmanagement an uns Berater ab. Er bleibt aber der Letztverantwortliche. Thomann (2008, S. 191ff.) gibt wertvolle Hinweise wie die verschiedenen Hierarchie-Ebenen einbezogen werden müssen, um keine verantwortliche Ebene zu überspringen. In seinen »Hierarchiespielregeln« kommt er insgesamt zu folgenden fünf Konstellationen:

1. *Kollegialer Konflikt innerhalb eines Teams/einer Abteilung:* Zwei Mitarbeiter eines Teams haben einen massiven Konflikt und bitten ihren Vorgesetzen um eine Mediation. Er wird über den Verlauf der Beratung informiert.

Zu 1 ein Beispiel aus meiner ersten Mediation:

Der Geschäftsführer eines Betreuungsvereins meldet sich bei mir wegen eines Konfliktes zwischen zwei Mitarbeitern, die als Tandem eine Wohngemeinschaft betreuen. Im Erstgespräch stellt sich heraus, dass die Kollegin schon sehr lange dort arbeitet und einige bewährte Regeln und Rituale dort etabliert hat. Ihr Kollege ist vor einigen Monaten eingestellt worden. Beide haben sehr unterschiedliche Vorstellungen über den Umgang mit ihrem Klientel. Da die Chemie zwischen ihnen überhaupt nicht stimmig ist, finden sie keine Möglichkeit sich über ihre unterschiedlichen Vorstellungen auszutauschen und nach gemeinsamen Wegen zu suchen. Der Konflikt ist so weit eskaliert, dass es unter den Bewohnern schon zu einer Spaltung gekommen ist, ein Teil fühlt sich der alten Kollegin zugehörig, ein anderer Teil dem neuen Kollegen. Auch notwendige Absprachen funktionieren überhaupt nicht zwischen den beiden und führen zu ständigen Reibereien, zum Teil auch vor den Klienten. Um sich aus dieser für beide unerträglichen Situation zu retten, haben sie ihre Urlaube und eine Kur so geschickt geplant, dass sie sich die nächsten drei Monate nicht mehr sehen werden. Aufgrund dieses Zeitdrucks schlage ich ihnen eine Mediation innerhalb einer Woche mit mehreren Sitzungen vor. Ich kürze hier ab und komme gleich zu der beschlossenen Vereinbarung: Beide sehen, dass nur eine Trennung für sie infrage kommt, da die Vorstellungen zu divergent sind. Sie beschließen aber, dass sie sich »friedlich trennen und die Klienten in Zukunft nicht mehr in ihre Dynamik einbeziehen« werden Wir vereinbaren, dem Geschäftsführer diese Vereinbarung zukommen zu lassen. Als ich ihn kurze Zeit später anrufe, ist er über das Ergebnis nicht gerade begeistert, da er hoffte, dass wir zusammen einen Weg zur Zusammenarbeit finden. Da in einem anderen Projekt aber eine Stelle frei geworden ist, hat er dem jungen Kollegen diese angeboten, sodass beide weiterhin für den Verein tätig sein können.

Das Beispiel zeigt, dass auch eine Trennung, in der gegenseitige Schuldvorwürfe ausgeräumt sind, eine gute Konfliktklärung sein kann. Sicherlich hätte ich mir für meine erste Mediation ein anderes Ergebnis gewünscht, aber wie wir aus der Scheidungsmediation wissen, ist eine friedliche Trennung ein hohes Gut.

2. *Kollegialer Konflikt zwischen zwei Mitarbeitern verschiedener Abteilungen:* Gelingt die Konfliktklärung durch die jeweiligen Vorgesetzten nicht, können die beiden Gruppenleiter sich einigen und einen Mediator hinzuziehen, müssen in diesem

Falle aber ihrerseits ihren Vorgesetzten über die Maßnahme informieren.

3. *Hierarchischer Konflikt zwischen Mitarbeiter und Vorgesetztem:* Beide können sich an die nächsthöhere Ebene wenden und um Klärung bitten. Gelingt dies in einem – vorzugsweise – Dreiergespräch nicht, ist ebenfalls wieder die Einschaltung eines OrganisationsMediators sinnvoll.
4. *Hierarchischer Konflikt zwischen einem Mitarbeiter und seinem Abteilungsleiter:* In diesem Falle ist schon etwas aus dem Ruder gelaufen, denn beide stehen gar nicht in einem direkten Arbeitsverhältnis. Es kann durchaus sein, dass zwischen dem Mitarbeiter und seinem Vorgesetzten die Begegnungen durch Missstimmungen erschwert sind, dennoch ist der Gruppenleiter der unmittelbare Vorgesetzte des Mitarbeiters. Man könnte in einer solchen Konfliktlage vermuten, dass irgendetwas im hierarchischen Ablauf aus der Struktur geraten ist.
5. *Konflikte in Projektgruppen:* Ein bevorzugtes Medium der Organisationsentwicklung sind Projektgruppen. Sie zeichnen sich durch eine zeitliche Begrenzung mit einem relativ klar umrissenen Ziel aus. Zusammengesetzt sind sie hierarchie- und professionsübergreifend. Verantwortlich ist in diesem Falle der Projektleiter, die Hierarchie des Heimatteams der Mitarbeiter ist für die Dauer der Projektzugehörigkeit außer Kraft gesetzt.

Einzelvorgespräche

Einzelvorgespräche bieten neben der Chance der gegenseitigen Kontaktstärkung einen Rahmen, um wichtige Fragen zum Verfahren zu klären, die Motivation zu überprüfen, zu überlegen, ob nicht ein anderes Verfahren für das Thema erfolgversprechender wäre, zu klären wer als Konfliktbeteiligter noch hinzugezogen werden muss und zu besprechen, wie das Feedback zum Auftraggeber gestaltet wird. Unterscheiden möchte ich die Entscheidung nach dem Grad der Komplexität:

- Einzelvorgespräche mit zwei (hierarchieübergreifenden) Beteiligten und dem Auftraggeber
- Vorgespräche in Untergruppen bei komplexen Konfliktdynamiken mit mehreren Konfliktbeteiligten und dem Auftraggeber

Einzelvorgespräche mit zwei Beteiligten halte ich immer dann für sinnvoll, wenn es sich um hierarchieübergreifende Konflikte handelt und wenn es erst mal um die Klärung geht, ob überhaupt ein Kontrakt mit mir und/oder den beiden Konfliktparteien zustande kommt.

Dieses Vorgehen bietet mir und den Beteiligten die Chance, leichter einen ersten Kontakt aufzubauen, denn der Raum ist geschützt und die Gesprächssituation ist dialogisch. Als OrganisationsMediator sichere ich Vertraulichkeit zu, was impliziert, dass von mir in einem folgenden Verfahren keine Informationen veröffentlicht werden. Den Medianten steht es selbstverständlich frei, im folgenden Verfahren alles für sie Wichtige zu berichten. Nach dem Motto *Kontakt vor Kontrakt* bietet der geschützte Raum des Zweiersettings die Chance, sich sozusagen gegenseitig zu beschnuppern, Fragen zum Verfahren zu klären, Erfolgsaussichten zu besprechen usw.

Bei hierarchieübergreifenden Konflikten, zum Beispiel Geschäftsführerin und Mitarbeiter, lässt sich auch der sogenannte »Machtausgleich« (Glasl 1997; Pühl 2003) dialogisch auflösen. Denn es geht ja darum, dass trotz unterschiedlicher Machtpositionen beide Parteien ihr Anliegen auf Augenhöhe verhandeln können.

Zu Beginn meiner Mediatorentätigkeit war ich sehr unsicher, ob ich hierarchieübergreifende Mediation zwischen Vorgesetztem und Mitarbeiterin überhaupt verantwortlich vertreten kann. Welche Gefahren liegen im Machtmissbrauch? Verführt eine angenehme Gesprächsatmosphäre vielleicht dazu, mehr von sich Preis zu geben als gut ist? Ein Zurück gibt es dann nicht mehr und eine späte Reue bereitet nur Schuldgefühle und Selbstärger.

Meine Erfahrungen nach zahlreichen hierarchieübergreifenden Mediationen haben meine Sicht verändert. Ich kann sagen, dass in allen Fällen beide Konfliktparteien mit einem mulmigen Gefühl in die Beratung kamen. Beide Seiten zeigten sich mit verwundbaren Anteilen, sodass durchaus von einem Gleichgewicht gesprochen werden konnte.

Meine positive Erfahrung ist – und die hierarchieübergreifende Konstellation kommt in meiner Praxis sehr häufig vor –, dass mir kein Fall eines nachträglichen Machtmissbrauchs bekannt wurde. Verständlich wird das dadurch, dass sich beide, Vorgesetzte wie Mitarbeiterin, in eine Situation begeben, in der sie sich ein Stück weit offenbaren und zeigen müssen. Hinzu kommt, dass wohl nur solche Chefs eine Mediation wählen, die ein ernsthaftes Interesse an dem Mitarbeiter haben. Gerade in Zeiten knapper Fachkräfte haben auch die Mitarbeiter eine gewisse Machtstellung. In diesen Vorgesprächen ist mir wichtig, beide Seiten darauf hinzuweisen, dass es in der Mediation nicht um die Bewertung von Qualifikationen gehen kann, denn das gehört in den Bereich Personalentwicklung. Nichtsdestotrotz kann es im Konfliktklärungsgespräch dazu kommen, dass Kompetenzen angezweifelt werden. Dann können wir an die Vereinbarung erinnern und ein Stopp setzen.

Ich habe nur einmal erlebt, wie ein Mitarbeiter versuchte, seine Vorgesetzte regelrecht vor sich her zu treiben, indem er ihr immer wieder Fehlverhalten vorwarf. Hier war es nötig, noch einmal mal sehr deutlich zu machen, dass dies nicht das Thema der Mediation sein kann. Unterschiedliche Wahrnehmungen können selbstverständlich benannt werden. Der betreffende Mitarbeiter fühlte sich anfangs durch mein Eingreifen von mir nicht gut verstanden, hat dann aber den Prozess konstruktiv fortgesetzt.

Indikation für Einzelvorgespräche:

- Bei stark eskalierten (hierarchischen) Konflikten
- Bei Konfliktbeteiligten, die sehr unsicher sind, ob sie sich einlassen möchten und/oder dem Verfahren skeptisch-unsicher gegenüberstehen

Einzelvorgespräche dienen dem Kontaktaufbau zwischen Mediatorin und Mediantin. Es wird vereinbart, dass die OrganisationsMediatorin keine Einzelheiten aus dem Vorgespräch weitergibt.

Fragen zur Rolle:

- Seit wann sind Sie im Unternehmen/in der Abteilung beschäftigt?
- Was ist das Besondere an Ihrer Arbeit?
- Können Sie sich an Ihren ersten Arbeitstag erinnern – wie war das?
- In welcher Beziehung stehen Sie zu Ihrem Kollegen/Ihrer Kollegin?

Fragen zum Konflikt:

- Wie erklären Sie sich die Situation?
- Welche Chancen geben Sie dem Mediationsverfahren?
- Welche Lösungsversuche gab es bisher?
- Warum waren diese nicht erfolgreich?
- Gibt es bereits Sanktionen?
- Sind im Falle des Scheiterns welche geplant (an Vorgesetzten) – befürchten Sie welche (an Mitarbeiter)?
- An Mitarbeiter: Gibt es Überlegungen, die Stelle zu wechseln?

Leitfaden für Einzelvorgespräche

Vorgespräche in komplexen Konfliktdynamiken

In manchen Fällen nimmt die Vorphase mehr Zeit in Anspruch als die »eigentliche« Mediation. Ich arbeite mich in solch komplexen Strukturen nach dem Zwiebelschalenkonzept vor und versuche, Schicht für Schicht des Konflikts freizulegen (s. nächster Abschnitt). Das bedeutet, dass ich als OrganisationsMediator Vorgespräche mit den beteiligten Funktionsgruppen führe, damit ich mir ein vorläufiges Bild des Konfliktgeschehens machen kann. In Analogie zu den beschriebenen Einzelvorgesprächen geht es auch hier darum, einen gegenseitigen vertrauensvollen Kontakt aufzubauen und so die Angstschwelle für das Verfahren zu senken. So können beispielsweise mit folgenden Funktionsträgern Klärungsgespräche geführt werden:

- mit der Geschäftsführerin (Kontaktklientin)
- mit dem Betriebsrat (Beschwerdestelle des Personals)
- mit der Einrichtungsleiterin
- mit den Teamleitern aller Abteilungen
- mit den Delegierten aus den Teams

Im besten Falle kristallisiert sich dabei eine Vorstellung heraus, wie der weitere Prozess sinnvoll gestaltet werden kann. Dieses scheibchenweise Vorgehen erleben alle Beteiligten als konstruktiv, weil so im geschützten Rahmen alle emotional bewegenden Inhalte ohne Zensur vorgebracht werden können. Unterm Strich findet hier bereits eine erste Deeskalation statt, da jede Funktionsgruppe ihre Anliegen aus ihrer subjektiven Sicht berichten kann. Im Abschnitt »Konfliktdarstellung« werde ich diesen heilsamen Prozess ausführlicher beschreiben.

Das Zwiebelschalenkonzept

Da Konflikte in Organisationen oft komplex sind, gehe ich nach dem Zwiebelschalenkonzept vor. Was verstehe ich darunter? Um nicht in der Komplexität der Beteiligten-Systeme die Orientierung zu verlieren, hat es sich für mich bewährt, die Konfliktschichten nach Möglichkeit Schicht um Schicht abzutragen, das heißt, zu schauen, mit welcher kleineren Einheit ich den Klärungsprozess beginne (dazu gleich ein Beispiel). Das Blindwerden in der Komplexität ergeht den Beteiligten meist ähnlich, von daher stößt der Vorschlag, uns Stück für Stück durch den Konfliktdschungel zu schlagen, meist auf Zustimmung. Das gilt selbstredend für Konflikte, in die mehrere Konfliktparteien involviert sind. Dazu ein Fall aus der Praxis:

Die Vorsitzende der Mitarbeitervertretung eines kirchlichen Trägers wandte sich an mich als Konfliktberater und schilderte folgende Situation: In der Einrichtung gab es einen Führungswechsel. Die Kollegen hatten mehrheitlich die bisherige stellvertretende Leiterin als Nachfolgerin vorgeschlagen. Die oberste Kirchenleitung überging dieses Votum der Kollegenschaft und setzte einen Leiter von außerhalb ein. Dies war in der Organisation ein neues Vorgehen, denn bisher war es Praxis, auf die Vorschläge des Kollegiums einzugehen. In diesem Fall wurde dies in keiner Weise berücksichtigt und erregte die Gemüter der 35 Mitarbeiterinnen und Mitarbeiter. Weder wurde mit ihnen über die Gründe dieses veränderten Vorgehens gesprochen, schon gar nicht fand ihr Vorschlag Gehör. Die Stimmung im Kollegium war seitdem äußerst angespannt, die bisherige Stellvertreterin hatte ihren Posten sofort niedergelegt. Der neue Leiter wurde geschnitten, indem seine Kontaktangebote ignoriert wurden; eine stabile Arbeitsbasis war deshalb nicht herzustellen.

Die besondere Situation der Einrichtung sah seit dem Führungswechsel so aus, dass es lediglich 14-tägige Treffen des Teams mit der Leitung gab, man ansonsten aber die Leitungsebene mied, so gut es eben ging. Dies hatte auch für den Zusammenhalt des Kollegiums gravierende Folgen: Man traf sich kaum noch, ein Austausch über die (nun recht isolierte) Arbeit des Einzelnen war nicht mehr möglich, neue Kolleginnen konnten nicht mehr integriert werden. Die Situation war mehr als desolat. Aufgrund der Intervention der Mitarbeitervertretung war es aber gelungen, bei der vorgesetzten Kirchenleitung Honorarmittel für eine Beratung zu akquirieren. Doch die zur Verfügung stehenden Ressourcen waren sehr knapp, zum einen durch die begrenzten finanziellen Mittel und zum anderen, weil sich das Kollegium nur alle zwei Wochen für zwei Stunden traf. Mehr war auch nicht möglich, um die 35 Kolleginnen und Kollegen an einen Tisch zu bekommen. Soweit die Ausgangssituation.

Spätestens hier wird deutlich, dass man Konflikte im betrieblichen Kontext nicht klar abgrenzen kann. Viele Ebenen sind dynamisch verknüpft. Interpersonale Konflikte können natürlich nicht geleugnet werden, doch bin ich ein Verfechter der Theorie, die besagt, dass auch das sogenannte Persönliche/Individuelle und das Organisationelle in einer Wechselbeziehung stehen (Pühl 2017). Da jeder von uns über ein mehr oder weniger breites Repertoire von Erfahrungen, Einstellungen und Gefühlsdispositionen verfügt, stellt sich immer die Frage, welche dieser Aspekte in welchem Kontakt wachgerufen werden und umgekehrt, mit welchen Anteilen der Einzelne auf sein organisatorisches Umfeld Einfluss nehmen kann.

Als erster Schritt wurde ein Vorgespräch mit Vertretern des Kollegiums, der Mitarbeitervertretung sowie dem Leiter und seiner ehemaligen Stellvertreterin vorgeschlagen, um das weitere Vorgehen zu besprechen. Vorrangiges Thema war die Enttäuschung des Kollegiums über das Vorgehen der obersten Kirchenleitung bei der Besetzung der leitenden Position. Man fühlte sich nicht ernst genommen; man solle seine Klienten demokratisch erziehen, selbst würde man aber wie unmündige Kinder behandelt. Gegen den neuen Leiter habe man eigentlich nichts, aber…! Die ehemalige Stellvertreterin, nun wieder im Status einer normalen Mitarbeiterin, war extrem gekränkt und warf dem Leiter vor, er hätte von dem Konflikt ja im Bewerbungsverfahren gehört und hätte deshalb auf seine Stelle verzichten können. Der Leiter seinerseits argumentierte, er versuche, zu allen Kontakt aufzunehmen und dort, wo es nötig sei, sei die Zusammenarbeit auch zufriedenstellend gewesen. Die Mitarbeitervertretung fühlte sich in ihren Rechten, Vorschläge machen zu können, durch die oberste Kirchenleitung übergangen. So etwas habe es noch nie gegeben.

Das Vorgespräch ergab eine einhellige Zustimmung zum Konfliktklärungsprozess. Sehr deutlich wurde, dass ich es hier mit mehreren Konfliktparteien zu tun hatte, wobei als solche gesehen wurden:

- *die stellvertretende ehemalige Leiterin*
- *der neue Leiter*
- *das gesamte Kollegium – einschließlich der Mitarbeitervertretung*
- *die vorgesetzte Kirchenleitung*
- *das oberste Kirchenorgan, in dem die Personalentscheidung gefallen ist (in dem die vorgesetzte Kirchenleitung vertreten ist)*

Eine Konfliktpartei, an der sich der Ärger der Kollegen besonders festmachte, war das oberste Kirchenorgan, das die Personalentscheidung getroffen hatte. Es wurde in dem Vorgespräch sehr deutlich, dass die Repräsentanten dieses Organs für eine Mediation auf keinen Fall zur Verfügung stehen würden. Da waren sich alle Beteiligten einig. Man könne aber zumindest versuchen, die vorgesetzte Ebene mit einzubeziehen. Mit dieser Instanz war bereits über das Beratungshonorar verhandelt worden und es wurde von dieser Seite aus signalisiert, dass man an der Arbeitsfähigkeit der Abteilung sehr interessiert und bereit sei, das seinige dazu beizutragen. Von daher war damit zu rechnen, dass diese Ebene an einer Konfliktbeilegung mitwirken würde. Es wurden folgende Schritte vereinbart:

1. *Ein klärendes Gespräch in kleiner Runde mit der ehemaligen Stellvertreterin, dem jetzigen Leiter und den direkt vorgesetzten Kirchenvertretern. Ziel sollte es sein, Transparenz in den Entscheidungsvorgang zu bringen und der nicht nominierten Stellvertreterin ein Forum für die Kränkung zu bieten. Das Ergebnis war:*
    - *Die vorgesetzte Leitung stellte das Besetzungsverfahren ausführlich dar und sicherte der ehemaligen Stellvertre-*

terin und Favoritin der Leitungsstelle zu, dass man ihre Bewerbung ausdrücklich befürwortet habe, sich aber nicht durchsetzen konnte. Diese Mitteilung führte bei ihr zu einer sichtlichen Beruhigung.

- *Auf einer der nächsten Sitzungen des obersten Kirchenorgans sollte über den Punkt Stellenbesetzungsverfahren eine eindeutige Klarheit erzielt werden, um Transparenz herzustellen und den Gremien ihre Möglichkeiten der Mitwirkung klarer aufzuzeigen.*

2. *Darauf folgten zwei Sitzungen mit dem Gesamtkollegium. Die abgelehnte Favoritin war nicht gekommen, ließ aber durch eine Kollegin ausrichten, dass man über alles, was sie betreffe, offen sprechen könne. Den Sitzungsverlauf verkürze ich hier auf zwei wichtige Ergebnisse: Erstmals wurde in diesem Kreis über zwei Tabus gesprochen. So fragte ein Mitarbeiter, ob denn der in der Kollegenschaft vereinbarte Boykott dem jetzigen Leiter gegenüber noch gelte. Der Leiter erfuhr jetzt erstmals davon und war sichtlich überrascht. Das zweite Tabuthema sprach eine Kollegin an: Sie traue sich gar nicht mehr, in der Geschäftsstelle Kontakt zum Leiter aufzunehmen, da sie dann das Gefühl habe, die abgelehnte Favoritin zu verraten. Und ebenso umgekehrt: Wenn sie mit ihr spreche, habe sie das Gefühl, den Leiter zu hintergehen. Nachdem diese beiden Tabuthemen angesprochen werden konnten, änderte sich das Klima merklich. Ich als Mediator spürte die Erleichterung in der Kollegenschaft, dass »die Katze endlich aus dem Sack« gelassen worden sei.*

In der nächsten Sitzung konnte auf dieser neuen Basis des Miteinanders eine Vereinbarung getroffen werden, wie man in Zukunft mehr Transparenz herstellen könne, damit Entscheidungen im Hause nachvollziehbar seien.

Umgang mit den Stakeholdern

Stakeholder sind diejenigen, die nicht direkt am Prozess beteiligt sind, die aber aus unterschiedlichen Gründen am Geschehen interessiert sind. Mein Bild dazu ist der Theatervorhang mit dem kleinen Loch, aus dem man auf die Bühne schaut. Auf der Bühne sind die direkt Agierenden mit dem Berater und dahinter die interessierten Zaungäste, die sich fragen, ob sie zu den Gewinnern oder Verlierern des Geschehens gehören. Wie mein obiges Zwiebelschalenvorgehen schon verrät, neige ich dazu, den Kreis der Beteiligten klein zu halten. Es gibt aber auch das Konzept, die Stakeholder aktiv einzubeziehen. Dafür plädiert zum Beispiel Kerntke (2010), weil er bei komplexen Mediationen davon ausgeht, dass die Stakeholder »einen besonderen Zugang zu Lösungen besitzen«. Anhand eines Beispiels verdeutlicht er sein Vorgehen: In einem Verein für soziale Hilfen schwelt ein Konflikt zwischen einem früheren Vorstandsmitglied und dem aktuellen Geschäftsführer; Spaltungstendenzen im Verein drohen. Zudem erwägt der Landesverband aufgrund der Streitigkeiten den Vereinsausschluss des Vorstandsmitglieds. Auf Vorschlag der Mediatoren werden alle eingeladen, die sich aufgrund des Konflikts Sorgen machen.

Kerntke eröffnet die Versammlung mit folgenden Worten:

> »Wenn Sie alle hier, in ganz unterschiedlichen Funktionen, hören, dass der Geschäftsführer und das frühere Vorstandsmitglied heute gemeinsam am Problem arbeiten wollen – was geht da bei Ihnen vor? Welche Wünsche tauchen bei Ihnen auf? Was möchten Sie den beiden mitgeben? Worauf sollen beide achten?«

Nach dem Einsammeln der Rückmeldungen beginnt dann eine zweistündige Mediationsphase mit den beiden Protagonisten, während die Restgruppe an dem Thema Zukunftsgestaltung arbeitet. Ich breche die Schilderung von Kerntkes Vorgehen an dieser Stelle ab, da das Verfahren bis hierher bereits einen Einblick in die Einbeziehung der Stakeholder vermittelt.

In meinem Konzept würde ich vermutlich zuerst mit den beiden Protagonisten eine Mediation durchführen. Vermutlich deshalb, weil ich Angst hätte, die beiden Betroffenen vorzuführen. Zumindest könnten sie es so erleben und es wird nur wenige Fälle geben, in denen die direkten Konfliktbeteiligten einem solchen umfassenden Prozedere zustimmen. Wenn die Mediation zwischen den beiden nach meinem Vorgehen erfolgreich war, schließt sich sicherlich die Frage an, wie das Ergebnis in den Verein kommuniziert werden kann und wer dabei berücksichtigt werden muss. Die Beratung könnte dann in Form einer Moderation fortgeführt werden, indem ich meine bisherige Mediatorenrolle ablege und für die Beteiligten deutlich ersichtlich die Moderationsrolle übernehme.

Nur ein Klient wünscht Mediation

Mich erreichen immer wieder Anfragen dergestalt, dass ein Firmeninhaber einen massiven Konflikt mit seinem Kompagnon hat und in einer Mediation die Chance zur Verbesserung der Arbeitsfähigkeit sieht, der andere Mitinhaber das Ansinnen jedoch vehement abwehrt. Da die Beziehung schon so belastet ist, findet der Austausch zwischen den beiden nur noch schriftlich statt. In diesen Fällen schlage ich vor, dass ich im Auftrag des Anfragers gerne bereit bin, mit der anderen Seite Kontakt aufzunehmen und dieser ein unverbindliches Gespräch anzubieten. Dazu ein Fall:

Die Geschäftsführerin eines kleinen Eventunternehmens ruft an, um sich nach den Möglichkeiten einer Mediation zu erkundigen. Sie schildert folgende Situation: Vor mehreren Jahren hat sie das kleine Unternehmen mit viel Elan aus dem Boden gestampft. Da es bald wuchs, hat sie eine gute Bekannte mit ins Unternehmen aufgenommen und die Geschäftsform modifiziert. Sie selbst ist nun Geschäftsführerin und die Bekannte ihre Mitarbeiterin. Nach einer längeren Krankheit der Anfragerin, ist die befreundete Mitarbeiterin immer mehr in die

Verantwortung gewachsen – im Prinzip durchaus zur Zufriedenheit der Anfragerin, jedoch mit der Einschränkung, dass die Kollegin mit den Geldern sehr großzügig umgegangen ist, sodass sogar Verluste entstanden. Die Kollegin erwartet trotzdem als Statusaufbesserung nun eine Prokura für die Finanzen. Hier entsteht der Konflikt. Beide sprechen nur noch digital miteinander. Die Anfragende hat das Gefühl, dass hier Konkurrenz eine große Rolle spielt, begünstigt durch ihren Krankheitsausfall, durch den sich die Rollen geändert haben und die Mitarbeiterin zur Quasi-Geschäftsführerin wurde. Der Konflikt äußert sich in einem Schwall von Entwertungen, Unterstellungen und Verdächtigungen.

Die Geschäftsführerin hält eine Mediation für unumgänglich, da beide im Grunde ein erfolgreiches und anerkanntes Team sind. Über die Möglichkeit, einen Mediator hinzuzuziehen, haben sie auch schon mal gesprochen. Die Kollegin hält dies allerdings nicht für notwendig. Was tun?

Ich schlage spontan drei Möglichkeiten vor:

1. *Ich kann mit der Kollegin einen telefonischen oder besser schriftlichen Kontakt aufnehmen, ihr von dem Ansinnen ihrer Geschäftsführerin berichten und sie über die Möglichkeiten und Chancen einer Mediation aufklären. Vielleicht ebnet das den Weg, dass sich beide über Konfliktlösungsstrategien ins Einvernehmen setzen, das heißt wieder Kontakt bezüglich ihrer desolaten Arbeitsbeziehung aufnehmen.*
2. *Eine Option könnten dann getrennte, unverbindliche Vorgespräche sein, in denen Raum für die subjektiven Sichtweisen und Bedenken ist. Sie bieten für beide Beteiligten zudem die Chance, ihre Motivation für das Verfahren zu überprüfen.*
3. *Sollte ein Kontaktaufbau zur Mitarbeiterin derzeit verstellt sein, bietet ein persönliches Coaching für die Anruferin die Möglichkeit, herauszufinden, wie sie in den Konflikt verwoben ist, das heißt ihre Projektionen zu erkennen und ihre Eigenverantwortung zu stärken; nach dem Motto:* Ein Konflikt hat

immer zwei Enden – *und eins davon ist man leider immer selbst (eine kränkende aber wahre Erkenntnis!).*

In der Praxis kommen die beiden erstgenannten Möglichkeiten sehr selten zur Realisierung, hilfreicher als erster Schritt erweist sich ein individuelles Coaching als Chance zur Deeskalation. Denn das Spiel: »Ich möchte Mediation – aber die andere Seite nicht« könnte auch eine unbewusste einseitige Schuldzuweisung an den anderen sein; nach dem Motto: »Ich möchte etwas verändern, aber es geht ja nicht, weil der andere nicht einwilligt.« So gesehen kann es sogar sinnvoll sein, wenn die andere Seite in dieses Schema nicht einsteigt.

Glasl (2012, S. 18) spricht in diesem Zusammenhang von einem Teufelskreis, der

> »sich in Gang hält, weil aus der Vergangenheit, aufgrund alter Kränkungen und anderer ›alter unbeglichener Rechnungen‹ die Person A eine Handlung des Misstrauens gegen B setzt und B mit einer ähnlichen feindseligen Handlung reagiert. B wird daraufhin gleichfalls von Misstrauen und Vergeltungsdenken geleitet. Beide Personen verstricken sich in ein gegenseitig konditioniertes Aktions-Reaktions-Muster, einen Teufelskreis.«

Den Weg aus diesem Teufelskreis sieht er u.a. darin, dass eine Partei ein Angebot macht, das frei von aggressiven Handlungen ist, das heißt in eine Vorleistung geht – ohne Gewähr, dass die Gegenseite darauf eingeht. Dem kann ich gut zustimmen, ich sehe allerdings, wie in dem obigen Fallbeispiel, dass A und B sich in gegenseitiger Schuldzuschreibung verrannt und verhakt haben, es scheint, dass sie keinen Konflikt haben, sondern selbst der Konflikt sind. Vielleicht ist der Ausweg aus diesen hochstrittigen Szenarien wirklich, dass eine Partei die Größe hat, der anderen Seite ein ehrliches Angebot zu machen. Ohne diese Vorleistung wird nichts in Bewegung kommen, hier gilt es, mutig eigene Schamgrenzen zu überwinden.

Konfliktdiagnose

Zum Umgang mit der vom Kunden angebotenen Konfliktdiagnose habe ich bereits an verschiedenen Stellen etwas gesagt. Die Kundendiagnose gilt es, als seine Einschätzung ernst zu nehmen. Dennoch sollte uns das nicht hindern unsere Expertenmeinung einzubringen.

Ich halte die Auftragsklärung, wie beschrieben, bereits für einen wesentlichen Teil der sogenannten Konfliktdiagnose. Durch die *permanente Auftragsklärung* ergeben sich unter Umständen fortlaufend differenziertere Rückschlüsse auf den Konfliktcharakter, seine primär und sekundär Beteiligten, die Modifizierung des Settings und dergleichen. In diesem Sinne steht für mich die Auftragsklärung an oberster Stelle. Meiner Meinung nach zeichnet sich – wie gesagt – ein Konflikt in erster Linie durch die bedrohte Arbeitsfähigkeit aus. Für mich hat der Diagnoseaspekt deshalb wenig aussagekräftige Bedeutung.

Ein Diagnoseraster bietet Friedrich Glasl an, um einen Konflikt im mikro- und mesosozialen Rahmen in fünf Schritten zu diagnostizieren. Unterscheidungskriterium ist die Ausweitung des Konflikts:

Konflikte im mikrosozialen Rahmen sind alle Konflikte zwischen zwei oder mehreren Einzelpersonen oder kleinen Gruppen:

- Jeder kennt jeden: direkte, sogenannte Face-to-Face-Interaktion.
- Die Gruppenmitglieder sind füreinander direkt als solche erkennbar.
- Das Gefüge der Beziehungen ist überschaubar.
- Selbst wenn bestimmte Personen zeitweise zu Schlüsselfiguren werden, bleiben die Beziehungen zu den anderen Beteiligten wirksam.

Konflikte im mesosozialen Rahmen sind zum Beispiel in Schulen, Verwaltungsbehörden, Fabriken usw. anzutreffen. Sie bestehen aus mehreren mikrosozialen Einheiten (Kleingruppen). Die Kommunikation zwischen diesen Kleingruppen erfolgt nicht direkt, sondern über Mittelspersonen (Vertreter). Intra-und Interkommunikation kann unter sehr unterschiedlichen Bedingungen sowie in verschiedenen Formen erfolgen. Bei mesosozialen Konflikten kommen zur mikrosozialen Dynamik noch die Faktoren aus Kultur, Struktur, Aufgaben und Zielen einer Organisation dazu, die das Verhalten, Denken und Fühlen der Einzelnen mit beeinflussen.

Das vorgeschlagene Raster bietet eine Orientierung, um welchen Konflikt es sich handeln könnte:

1. Die Streitpunkte, um die es den Konfliktparteien vordergründig geht
2. Der bisherige Konfliktverlauf und der erreichte Eskalationsgrad: Ist der Konflikt relativ stabil oder sehr explosiv? Lassen sich Momente erkennen, in denen der Konflikt an Umfang gewonnen hat?
   - Wann hat der Konflikt an Intensität zugenommen? (Zu welchem Zeitpunkt sind die Parteien feindselig geworden? – Wann wurden sie sehr unnachgiebig? – Wann sind sie zu anderen Kampfmethoden übergegangen?)
   - Was erleben die Parteien selbst als die kritischen Momente in der Konfliktgeschichte? (Welches sind die »Bruchstellen«, an denen es kein Zurück mehr gab?)
   - Auf welchem Eskalationsgrad befindet sich der Konflikt im Moment?
3. Wer sind die Parteien und wie sind sie intern beschaffen?
   - Handelt es sich bei den Parteien um Individuen oder Gruppen? (Streiten Einzelne als Exponenten einer Gruppe miteinander? Oder ziehen Einzelne ihre Gruppen mit in den Konflikt hinein?)
   - Bei Gruppen als Konfliktparteien:
   - Sind die Gruppen formlos oder straff organisiert? Gibt es deutliche Spielregeln für das parteiinterne Verhalten?
   - Welche Personen spielen im Konflikt eine zentrale Rolle?

- Welche Positionen haben die Kernpersonen beziehungsweise Exponenten in der eigenen Partei? (Üben sie auf die Hintermannschaft starken Einfluss aus – oder werden die Exponenten stark durch die Stimmung der Hintermannschaft bestimmt?)
- Wie sehen die Rollen und Beziehungen innerhalb der Konfliktparteien aus? (Wer hat Einfluss? In welchen Rollen?)

4. Wie gestalten sich die Beziehungen zwischen den Parteien?
   - Wie sind Positionen und Beziehungen zwischen den Parteien formell umschrieben?
   - Welche Abhängigkeitsbeziehungen schafft die Organisation zwischen den Parteien? (Und wie werden sie erlebt und akzeptiert beziehungsweise abgewiesen?)
   - Auf welche Weise ist die Organisationskultur, die Struktur usw. von Einfluss?
   - Welche Bilder haben sich die Parteien voneinander gemacht?
   - Welche Gefühle, welche innere Einstellung haben die Parteien zueinander? (Respektiert man sich? Sucht man nach Distanz? Besteht Eifersucht, Wettbewerb usw.?)
   - Manövrieren sich die Parteien gegenseitig in bestimmte Rollen? (In welche Rollen? Wehrt sich jemand gegen bestimmte Rollenzwänge, die von der Gegenseite ausgeübt werden?)
5. Welche Grundeinstellungen haben die Parteien zu den Konflikten und welches Strategie-Kalkül leitet sie dabei?
   - Wie denken die Konfliktparteien prinzipiell über Konflikte? (Gibt es eine übergreifende Konfliktkultur oder große Unterschiede?)
   - Was wollen die Parteien mit diesem Konflikt im Besonderen erreichen? (Welche positiven Ziele verfolgen sie? Wollen sie etwas verhindern?)

- Welches Risiko wollen die Konfliktparteien dafür in Kauf nehmen?
- Wie schätzen die Parteien realistisch ihre Chancen ein, ihr Ziel zu erreichen?

Am Ende von Kapitel I habe ich Konflikte nach Ursachen und Situationen, in denen sie auftreten, klassifiziert und fünf Grundtypen unterschieden:

1. Zielkonflikte
2. Bewertungs-/Wahrnehmungskonflikte
3. Rollenkonflikte
4. Verteilungskonflikte
5. Beziehungskonflikte

Hierbei muss beachtet werden, dass die Abgrenzungen immer nur gedacht werden können, in der Praxis aber fast nie in Reinform zu finden sind. Reine Beziehungskonflikte in Organisationen finden wir zwar auf der Erscheinungsebene, sie sind aber immer organisationell mitgestaltet (s. Abb. 8).

Kapitel III

Das Herzstück jeder Mediation

Die Erfahrung zeigt, dass OrganisationsMediation in sehr kreativer und flexibler Form zur Anwendung kommt, zum Beispiel in Kombination mit anderen Verfahren. Dennoch halte ich das 5-Phasen-Modell von Glasl (1997) als Folie zur Orientierung für hilfreich, es umfasst klassischerweise folgenden Prozess:

1. Vorphase/Auftragsklärung (s. Kapitel II)
2. Konfliktdarstellung
3. Konflikterhellung
4. Lösungsoptionen
5. Vereinbarung (Maßnahmensicherung)

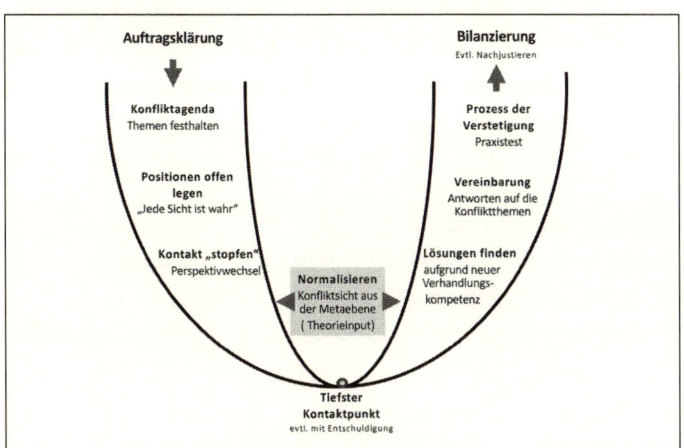

Abb. 7: Der U-Prozess der OrganisationsMediation

Die Phasen 2 und 3 bilden meines Erachtens das Herzstück jeder mediativen Intervention, weil sie als Tool und vor allem als Haltung universell einsetzbar sind. In diesen beiden Phasen wird deutlich, dass Mediation im Kern ein Kommunikationsverfahren ist. Von daher wundert es nicht, dass Übertragungen aus diesen Phasen überall dort sinnvoll und hilfreich sind, wo es um Kommunikation im weitesten Sinne geht. Ich denke dabei zum Beispiel an *Implizite Mediation* (s. hier S. 105), wie ich diese Interventionshaltung nenne. Auch in der Konfliktmoderation nach Redlich (1977) finden wir diese Elemente wieder.

Und damit können wir schon an dieser Stelle die Essentials der Mediation festhalten:

- *Wertschätzung:* bezieht sich auf die Art und Weise unserer Interventionen und auf die Gestaltung des Beratungssettings
- *Entschleunigung:* durch die behutsame Einstimmung auf das Verfahren und die Form unserer Kommunikation, zum Beispiel das Aktive Zuhören
- *Perspektivwechsel:* zum Beispiel durch das »Stopfen« (wie nachfolgend beschrieben) um die Sichtweise des anderen zu verstehen beziehungsweise nachvollziehen zu können
- *Ziel:* Deeskalation des Konfliktes und Kommunikation zwischen den Beteiligten, um eine für sie angemessene Lösung zu finden – und damit Wiedererlangung ihrer Verhandlungskompetenz

Phase 2: Konfliktdarstellung: Darlegung der unterschiedlichen Positionen – Ein offenes Ohr finden

Die Bedeutung dieser meist sehr kurzen Sequenz wird meines Erachtens völlig unterschätzt, weil hier ein erster Schritt in Richtung Konfliktdeeskalation eingeleitet wird, und zwar durch das subjektive Sich-verstanden-Fühlen: nämlich ein *offenes Ohr finden* beim

Mediator. Auf einer zweiten mitlaufenden latenten Ebene findet eine Konfliktfokussierung statt und ebenso eine Entschleunigung durch das aktive Zuhören.

Der Einstieg in diese Phase ist geprägt durch die Festlegung des Ziels der Mediation. Oft gibt es schon eine Vorgabe durch den nicht anwesenden Auftraggeber, die im Rahmen der Auftragsklärung festgelegt wurde. Dennoch ist mir wichtig, dass die tatsächlich bei der Mediation Anwesenden für sich auch ein *gemeinsames Ziel* benennen. Das darf durchaus sehr allgemein gehalten sein, wie zum Beispiel »Unsere Zusammenarbeit verbessern«, »Uns auf ein gemeinsames Konzept einigen« usw. Das ist der gemeinsame Bezugspunkt. Diesen male ich auf ein Flipchart in einen Kreis in der Mitte. Dann stelle ich an die Beteiligten die Frage nach den »Stolpersteinen«, die geklärt werden müssen, um das Ziel erreichen zu können. Diese Themen werden als Mindmap visualisiert. Die Frage, mit welchem Punkt begonnen werden soll, schließt sich dann an. Interessanterweise sind sich meist alle einig, welches Thema die aktuelle Priorität hat. Erst jetzt beginnt die Phase der *Konfliktdarstellung*, in der die Beteiligten dem Mediator ihre ganz subjektive Perspektive auf das Thema darstellen. Wenn es sich um zwei Konfliktbeteiligte handelt, erzählen sie nacheinander.

Wenn es sich um ein Team handelt, was ebenso häufig der Fall ist, hängt es von der Größe ab, bei kleineren Teams mit acht bis zehn Mitarbeitern kann man analog vorgehen. Faller und Faller (2014, S. 164ff.) empfehlen, vorab den Rahmen für dieses sensible Setting zu klären, indem sie jeden bitten, zu folgenden Fragen eine Karte zu schreiben:

- Was soll erreicht werden?
- Was darf auf keinen Fall passieren?
- Welche Regeln sollen gelten?

Danach bitte ich jeden Anwesenden um seine individuelle Sichtweise. Bei hocheskalierten Konflikten empfiehlt es sich, mit der Leiterin beziehungsweise dem Leiter zu beginnen, da dadurch der sichernde Rahmen abgesteckt wird, andernfalls kommen Führungskräfte als letzte zu Wort. Auch wenn es sich um eine Gruppe handelt, gehe ich hier wie im Zweiersetting vor, durch aktives Zuhören (paraphrasieren, nachfragen und fokussieren) ergibt sich ein möglichst buntes Themenpanorama, zu dem alle Verständnisfragen stellen und Ergänzungen nachreichen können. Daraus stellen wir die Konfliktagenda zusammen und einigen uns, mit welchem der Punkte begonnen werden soll.

Haben wir es mit einer größeren Gruppe zu tun, empfiehlt sich ein stärker strukturiertes Vorgehen, zum Beispiel durch Bildung von Untergruppen[10], wobei die Teamleitung (eventuell zusammen mit der Stellvertretung) eine eigene Arbeitseinheit bildet, da sie im Subsystem Team an der Grenze zur nächst größeren Organisationseinheit – zum Beispiel der Abteilung oder der Niederlassung – steht und von daher andere Anforderungen erfüllen muss.

Ich versuche in Beratungen – und dazu zähle ich auch die OrganisationsMediation – immer die Komplexität zu reduzieren, um den Fokus nicht zu verlieren, beziehungsweise um selbigen herausarbeiten zu können. Bei Konflikten, an denen mehrere Gruppen beteiligt sind, zum Beispiel im Verein der Vorstand, eine Abteilung und der Geschäftsführer, überlege ich mir jeweils ein spezielles kreatives Setting, in dem man gut arbeiten kann.

Handelt es sich um zwei Beteiligte, setze ich sie nebeneinander, mir als Mediator gegenüber, und bitte sie, ihr Anliegen aus ihrer subjektiven Sicht zu schildern – das Wort Konflikt versuche ich im Sinne der Deeskalation zu vermeiden. Wenn möglich stelle ich die Stühle parallel, was den Vorteil bietet, dass sich die Konfliktbeteiligten bei der Darstellung ihrer Positionen nicht anschauen müssen. Das verhindert Impulse, auf das Gesagte des anderen sofort zu reagieren. Das Dreieck ist in dieser Anfangssequenz nicht geschlossen, da die Kommunikation nur zwischen Mediator und Mediant verläuft und die Medianten nacheinander berichten. In

10 Zahlreiche kreative Anregungen finden sich bei Oboth und Seils (2005).

der Regel ist diese Phase wenig emotional geladen, da beide wissen, dass sie zum Zuge kommen, sich nicht anschauen müssen und der Mediator den Ball flach hält, das heißt versucht, die Gefühlsebene möglichst auszuklammern. Selbstredend weichen die Standpunkte voneinander ab, denn sonst gäbe es den Konflikt nicht. Hilfreich und wichtig ist mir, dass jede Konfliktpartei den Raum bekommt, um ihre Sicht der Dinge darzustellen, ohne dass es zu einer Bewertung kommt. Der Mediator hat als allparteilicher Dritter die Aufgabe, die jeweilige Sichtweise durch aktives Zuhören zu paraphrasieren und dadurch zu verstehen. *Verstehen heißt nicht gutheißen.*

Die offenen Ohren und das genaue Verstehen des Mediators sind der erste Schritt in Richtung Deeskalation: »Endlich ist da jemand, der sich unvoreingenommen bemüht, meine Konfliktperspektive so zu verstehen, wie ich sie meine, ohne sie zu bewerten oder vermeintlich kluge Ratschläge zu geben.« Ich bin davon überzeugt, dass es ein menschlich tiefes Bedürfnis gibt, sich im Kern seines Empfindens verstanden zu fühlen. In Ausbildungen erzähle ich dazu gerne folgende Geschichte:

Die Auseinandersetzungen mit meiner Kollegin beherrschen seit Tagen die abendlichen Gespräche mit meiner Frau. Sie gibt sich wirklich alle Mühe, mich zu verstehen. Bei der ersten Erzählung hört sie aufmerksam zu, ich fühle mich verstanden und erleichtert. Das führt allerdings nicht zu einer besseren Beziehung zur Kollegin, also berichte ich Tage später dasselbe Dilemma. Der Aufmerksamkeitspegel meiner Frau hat sich merklich abgesenkt: »Das hast du beim letzten Mal ja auch schon so berichtet, hat sich denn nichts gebessert?« Nein, hat es nicht, und so kommt es, dass ich eine Woche später dieselbe Geschichte wieder erzähle, nun aber nur ein »Hm« als Reaktion ernte. Ich vermute, dass sie das ewig Gleiche nicht mehr wirklich hören kann und fühle mich mit dem Thema zunehmend allein gelassen. Daraufhin treffe ich mich zum Bier mit meinem besten Freund, um ihm mein Leid zu schildern. Kaum nimmt die Konfliktschilderung über meine Kollegin ihren Lauf, erwidert mein

Freund: »Ja, ja das kenne ich, da kann ich dir auch Geschichten von meiner Arbeit erzählen.« Und dann erzählt er ausführlich von den Problemen mit seinem Chef.

Wenn ich diese Geschichte im Seminar erzähle, folgt an dieser Stelle immer ein Lachen als Reaktion. Es zeigt, dass es in eskalierten Konfliktgeschichten sehr schwer ist, ein offenes Ohr für sein Anliegen zu finden. Nach einer Weile stößt der Konfliktträger sozusagen nur noch auf verstopfte Ohren. Bei sensiblen Menschen können sich Selbstzweifel dergestalt ausbreiten, dass sie beginnen, an ihrer Wahrnehmung zu zweifeln und sich zunehmend »nicht ganz richtig« fühlen.

Bei Ausbildungskandidaten erlebe ich immer wieder, wie schwer es ihnen fällt, dicht an der Schilderung des Medianten zu bleiben. Immer wieder spüren sie starke Impulse, gute Lösungsideen einzubringen und verlieren so partiell den Kontakt zum Gegenüber, weil ihre innere Lösungssuche ihnen die Aufmerksamkeitsenergie entzieht. Wenn man sich die Flut an lösungsorientiertem Intervenieren anschaut, verwundern diese Impulse kaum. Doch trotz des allgegenwärtigen Lösungshypes werden die gesamtgesellschaftlichen und auch betrieblichen Probleme und Konflikte auf längere Sicht nicht kleiner. Nun lässt sich einwenden, dass auch die Mediation lösungsorientiert ist. Freilich mit dem kleinen aber feinen Unterschied, dass dies nur über den Kontakt möglich ist, und zwar zwischen den Beteiligten sowie auch des Einzelnen mit sich selbst – zumindest in gewissem Maße.

In dieser ersten Phase der Schilderung des jeweiligen Themas beziehungsweise Anliegens entscheidet sich, ob die Ratsuchenden den Eindruck gewinnen, dass sie dem Mediator vertrauen können, weil er allparteilich ist. Ich bevorzuge den Begriff der Allparteilichkeit gegenüber dem der Neutralität, da letzterer für mich eine chirurgengleiche Distanz impliziert. Allparteilichkeit in der Mediation heißt für mich in der Tat, mich dem Medianten und seinem Anliegen vorbehaltlos verstehend anzunehmend.

Verstehend erstmal auf einer sehr konkret manifesten Ebene, das heißt, den Konflikt inhaltlich – auf der sogenannten Sachebene des Eisbergs (s. Abb. 8) zu verstehen. In dieser Phase halte ich den Ball flach und gehe nicht auf die emotionale Ebene ein, schon gar nicht sage ich, dass ich mein Gegenüber verstehen könne, denn dies könnte für die andere zuhörende Konfliktpartei die Verletzung der Allparteilichkeit bedeuten. Die Kommunikationshaltung des Mediators bezieht sich hier auf die nondirektive Gesprächsführung nach Carl Rogers. Aktives Zuhören ist das Stichwort dazu, das heißt, ich paraphrasiere das Gesagte mit meinen Worten. Die Mediantin hat dann die Chance, zu korrigieren oder zu ergänzen. Aktives Zuhören heißt auch, sequenziell zu unterbrechen, um wirklich dicht am Gesagten zu bleiben. Berufsanfängern fällt dies oft schwer, da es ein ungeschriebenes Gesetz zu geben scheint, dass man beim Reden den anderen nicht unterbrechen darf. Das kann im Prozess zur Folge haben, dass der aufgeregte Mediant ohne Punkt und Komma spricht und der Mediator – statt zuzuhören – auf eine Pause wartet, um das Gesagte zu reformulieren.

Diese Phase ist meistens relativ kurz und dennoch kommt ihr eine große Bedeutung zu: zum einen – wie gesagt –, dass sich der Berichtende in seinem Sosein verstanden fühlt. Zum anderen wird durch das aktive Zuhören der mitgebrachte Konflikt für die Mediantin fokussiert. Er wird quasi kleiner in seiner diffusen Dramatik, weil er eine konkretere Gestalt annimmt. Eine Mediantin brachte es folgendermaßen auf den Punkt: »Nun hat mein Thema einen Griff wie bei einem Koffer, sodass ich es mitnehmen kann.« Dieser Prozess der Fokussierung ist bereits ein erster Schritt in Richtung Deeskalation und läuft auf einer unsichtbaren Ebene mit. Durch die konzentrierte aktive Gesprächsführung kommt es zwangsläufig zu einer *Entschleunigung*. Diese hier etablierte Entschleunigung ist konstitutiv auch für den weiteren Prozess und offenbart eine von zwei scheinbaren Paradoxien der Mediation: Weil das Vorgehen maximal entschleunigt ist, geht der Lösungsprozess so schnell – gemäß dem Motto »Wenn du es eilig hast, lass dir Zeit«. Die zweite scheinbare Paradoxie besteht in Folgendem: Obwohl das Verfahren so einer einfachen Strukturfolie folgt, zeichnet es sich durch eine hohe Kreativität aus, die den Mediator immer wieder fordert.

Das aktive Zuhören in der Phase der *Konfliktdarstellung* wird ergänzt durch Verständnisfragen zum Kontext, durch die sogenannten W-Fragen: Wo spielt sich das ab? Wer ist noch beteiligt? Wann tauchte es zum ersten Mal auf? usw.

Da der Begriff der Allparteilichkeit in der Mediation eine ähnlich herausragende Rolle wie die Freiwilligkeit spielt, möchte ich darauf noch kurz eingehen. Montada und Kals (2007, S. 46f.) führen zu diesem Begriff beispielsweise aus: »Allparteilichkeit heißt nicht, wie gelegentlich vertreten wird, dass Mediatoren mal Anwalt der einen, mal der anderen Seite sind, also mal für die eine, mal für die andere Seite Partei ergreifen oder eine eigene Position vertreten.« Und weiter:

> »Allparteilichkeit heißt dann, dass Mediatoren nicht jederzeit ›streng orthodox‹ neutral sind, dass sie sich ›heraushalten‹ müssen. Indem sie die Anliegen und normativen Erwartungen aller Parteien zu verstehen und gegenseitiges Verstehen zu vermitteln versuchen, werden sie, falls notwendig, den Parteien helfen, ihre Anliegen zu artikulieren und zu begründen. Dafür müssen sie inhaltlich nicht ›Partei ergreifen‹, und sie sollten das nicht direktiv und assertorisch tun«.

Unser Institutskollege Anusheh Rafi (2016) hat die Spuren der Allparteilichkeit verfolgt und ist dabei auf Boszormenyi-Nagy und Spark (1993, S. 242) gestoßen. Als Familientherapeuten verstehen sie Allparteilichkeit als die innere Freiheit, »nacheinander die Partei eines jeden Familienmitglieds zu ergreifen in dem Maße, in dem sein einfühlendes Vermögen und sein strategisches Vorgehen dies erfordern.« Rafi (2016, S. 138) scheint diese Definition »um Einiges durchdachter zu sein als viele Versuche, die Allparteilichkeit mit dem Begriff der Neutralität in Verbindung zu bringen«.

Auf die Bedeutung der Präsenz des Beraters gehe ich im Kapitel »Haltung« ein.

Die nötige innere Freiheit, die Perspektiven vorbehaltlos zu verstehen, kann dadurch eingeschränkt werden, dass beim Mediator Bilder von Schuld-Unschuld oder Recht-Unrecht die klare Sicht vernebeln. Die Allparteilichkeit ist dann durch innere Sympathiepunkte für die eine oder andere Seite aus dem Gleichgewicht geraten. Die Tendenz zur Polarisierung ist vermutlich kulturell tief verankert. Was eine über zehnjährige Schulzeit in dieser Richtung nicht sozialisiert hat, schafft spätestens die Arbeitswelt: Fehler und Konflikte werden auch hier vornehmlich personalisiert und damit schuldhaft zugeschrieben.

Zum Verfahrensrahmen noch wichtig sind folgende Punkte:

- *Umgangsregeln:* Ich vereinbare Regeln bei Zweier-Mediationen nur in den Fällen, in denen ich den Eindruck habe, dass die Konfliktdynamik den Rahmen sprengen könnte. Ansonsten schlage ich Regeln dann vor, wenn es prozessbedingt hilfreich scheint. Bei eskalierten Gruppenmediationen hingegen kann es sinnvoll sein, Umgangsregeln gleich zu Beginn zu vereinbaren, einfach deshalb, weil hier die Dynamik komplexer ist. Regeln können folgende Punkte umfassen:
  - Offen ansprechen, was wir denken und empfinden
  - Den anderen zu Wort kommen lassen/zuhören
  - Keine persönlichen Angriffe
  - Was uns stört, wird direkt angesprochen
- *Vertraulichkeit*[11]*:* Um eine Atmosphäre relativer Offenheit und Schutz herzustellen, empfehle ich den Beteiligten, untereinander Vertraulichkeit zu vereinbaren. Dann liegt die Verantwortung für die Einhaltung in ihren Händen. Die Reaktion auf meinen Vorschlag ist immer, dass das ja selbstverständlich sei. Dennoch unterstreicht eine explizit gegenseitige

11 In §1 Mediationsgesetz wird dies explizit so formuliert: »Mediation ist ein vertrauliches und strukturiertes Verfahren«.

Zustimmung die Wichtigkeit dieses Abkommens und stärkt die Selbstverantwortung. Ich habe noch nicht erlebt, dass die Vereinbarung nicht eingehalten wurde.

- *Rückkoppelungsprozedere:* Ich sichere ebenfalls meine Vertraulichkeit zu und vereinbare, dass Informationen an den Auftraggeber vorher gemeinsam abgestimmt werden. Bei sehr krisenhaften Dynamiken kann es vorkommen, dass der Auftraggeber nach der ersten Sitzung eine Rückmeldung wünscht, um zu sehen, ob das Verfahren angenommen wurde. Dann reicht zur Beruhigung oft ein Satz wie: »Wir sind gestartet und haben verabredet, den Prozess in zwei Wochen fortzusetzen.« Ansonsten wird zum Ende des Prozesses anhand der schriftlichen Vereinbarung besprochen, in welcher Form sie mit den Verantwortlichen kommuniziert wird.

Phase 3: Konflikterhellung: Klärung der Interessen, Wünsche und Bedürfnisse – Kontakt »stopfen«

In Seminaren zum Thema Konfliktmanagement erzähle ich gerne die abgewandelte Orangengeschichte aus dem Harvardkonzept, um den Kern der Mediation zu demonstrieren:

Wir stellen uns vor es ist der letzte Samstag im Monat und im TV gibt es heute eine Familiensendung. Vater und Mutter haben es sich schon im Wohnzimmer bequem gemacht, mit Bier für den Vater, Wein für die Mutter und Cola light für die beiden Kinder. Gerade beginnt die Tagesschau, als aus der Küche ein Riesenkrach zu hören ist. Da streiten sich die beiden Kinder um eine Orange. Beide wollen sie haben. Die Mutter kommt und schlägt vor, die Frucht zu teilen, doch ohne positives Ergebnis, denn die Kinder sind damit nicht zufrieden. Der Vater kommt. Meist sind die Interventionen väterlicherseits auffällig drastischer, indem der Vater die Orange zum

Beispiel wegschließt. Was natürlich auch keine Lösung ist. In dieser Form mache ich das im Seminar eine ganze Zeit, bis nach einer Weile jemand den Einfall hat, die Kinder doch einfach zu fragen, was sie mit der Orange vorhaben.

Das bringt tatsächlich die Aufklärung: Das eine Kind hat die abendliche Kälte unterschätzt und sich gestern Abend beim Nachhausefahren erkältet. Nun hofft es auf Besserung durch die Vitamine. Das andere Kind ist am kommenden Tag zum Geburtstag bei der besten Freundin eingeladen. Da Monatsende ist, ist sein Taschengeld für ein Geschenk natürlich verbraucht, aber so ganz ohne Präsent möchte es auch nicht erscheinen. Deshalb plant es, einen Kuchen zu backen, und dazu braucht es die Schale der Orange als Geschmacksverstärker.

Diese kleine, so schwer zu lösende Geschichte soll verdeutlichen, dass über einen gut gemeinten Vorschlag keine befriedigende Lösung möglich ist. Erst die *Erkundung der Wünsche, Interessen beziehungsweise Bedürfnisse* führt zu einer Klärung, die beide Konfliktbeteiligten zufrieden stellt. In diesem Falle ist das hypothetische Resultat, dass die Ausbeute viermal so hoch ist, als wenn die Frucht durchgeschnitten worden wäre. So konnte jedes Kind die Frucht zu vollen 100% nutzen!

Also über die Position (»Ich will die Orange«) kommen wir nicht zu einer Lösung, die für beide befriedigend ist, erst die Erkundung der dahinterliegenden Interessen führt uns auf den Königsweg einer Win-win-Lösung.

Jedes Mal interessant an meiner kleinen Geschichte ist die schnelle Bereitschaft der Teilnehmerinnen und Teilnehmer, sich gute Lösungen zu überlegen (darauf bin ich im vorigen Abschnitt schon eingegangen). Das Bild des Eisbergs symbolisiert, dass wir über die Positionen – ich spreche auch gerne vom Symptom – nicht zu einer Klärung kommen. Wir müssen eintauchen in die Tiefen des Eisbergs und nach dem Dahinter suchen: nach den Interessen, Bedürfnissen oder Wünschen.

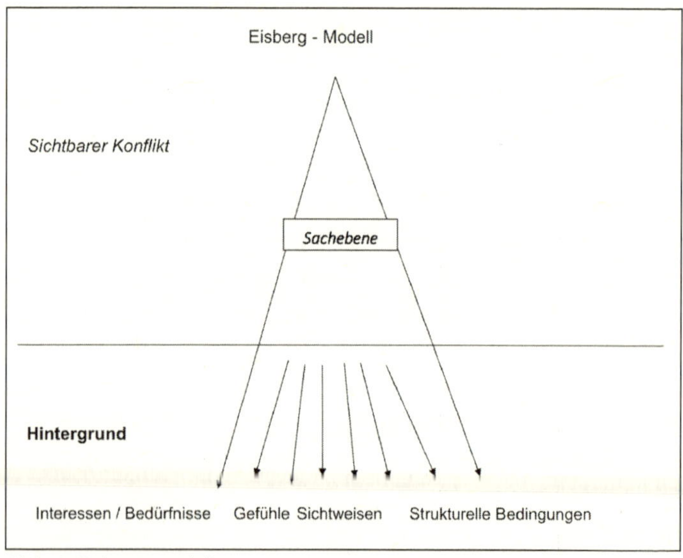

Abb. 8: Eisbergmodell

Konflikte zeichnen sich ja gerade dadurch aus, dass hinter den verhärteten Standpunkten die eigenen Interessen und Wünsche verloren gehen. Über die Klärung der Standpunkte ist eine Konfliktvermittlung nicht möglich. In diesen Fällen kann es nur zu einer anspruchsorientierten Kompromisslösung mit den hinlänglich bekannten Folgen kommen. Bei diesen Lösungen gibt es oftmals sogar zwei Verlierer, zum Beispiel in all den Fällen, in denen Gerichte bei Streitigkeiten vorschlagen, die Kontrahenten mögen sich doch in der Mitte ihrer gegenseitigen Forderungen treffen. Diese Art von Einigung zählen wir zu den faulen Kompromissen, da keine Partei mit dem Ergebnis wirklich zufrieden sein kann. Beide fühlen sich als Verlierer, übrig bleibt ein Rest Ärger und vor allem ist der Kontakt zur anderen Partei dadurch versperrt.

Der Lösungsweg ist nur über das Herausfinden der Interessen möglich, die hinter den Standpunkten verborgen sind. Es bleibt uns nicht erspart, in das kalte Wasser zu springen, um die Tiefen des Eisberges auszuloten. In der Bereitschaft zur Konfliktklärung verbirgt sich eine Bereitschaft zur Bewegung und damit zu einem einvernehmlichen Kompromiss. Denn ansonsten wäre auch eine Mediation nicht möglich. Das Win-win-Versprechen der Mediation bedeutet eine Kompromisslösung, die keinen Gewinner und Verlierer hervorbringt und deshalb gute Voraussetzungen für einen weiteren Kontakt bietet. Zurück bleiben keine unguten Gefühle in der Bauchgegend nach dem Motto »hätte ich doch!« – ein ziemlich sicheres Indiz für eine Lose-lose- oder Lose-win-Lösung.

Im Mediationsverfahren erlebe ich diese Phase der Erforschung des »Dahinters« immer als die schwierigste, aber auch als die wichtigste. Schwierig, weil die Konfliktparteien sich von ihren Standpunkten lösen müssen, die bekanntlich ein Angstschutz sind. Der Mediator muss den Schutz zur Verfügung stellen, damit die Konfliktparteien sich trauen, ihre Interessen, Bedürfnisse und Wünsche zu äußern. Und nicht nur ihre Interessen, sondern auch ihre damit verbundenen Kränkungen und Verletzungen. Je besser dies mithilfe des Mediators gelingt, umso leichter wird der Weg zu einer Einigung geebnet.

In dieser Phase stoßen wir (um im Bild des Eisbergs zu bleiben) zum Kern, zu den Verletzungen und Enttäuschungen, Vorurteilen und dergleichen, vor. Es handelt sich also um einen durchaus explosiven Sprengstoff, mit dem hier hantiert wird.

In der vorigen Phase der *Konfliktdarstellung* haben wir uns in einem nicht geschlossenen Kommunikationsdreieck bewegt: Nach der Klärung der Ziele und dem Festhalten der »Stolpersteine« verlief der Kontakt ausschließlich zwischen Mediator und einer Partei. In der anschließenden, zeitlich längeren Phase geht es nun darum, die Konfliktbeteiligten ins Gespräch zu bringen. Schließlich ist es das Ziel der Mediation, dass die Beteiligten für sich eine passende einvernehmliche Vereinbarung darüber schließen, wie sie in Zukunft miteinander umgehen möchten und wie der Konflikt gelöst wird. Diese Phase der *Konflikterhellung* kann mehrere Sitzungen dauern. Sie ist emotional geladen, weil hier auch die alten Verletzungen und Kränkungen thematisiert werden können.

Da ich davon ausgehe, dass Konflikte in der Regel durch *Kommunikationslöcher* entstehen, das heißt, dass die Beteiligten über ein Thema nicht mehr konstruktiv verhandeln können, baut sich die Konfliktspannung auf und das Kommunikationsloch vergrößert sich zusehends beziehungsweise wird durch gegenseitige Projektionen immer diffuser. Daraus habe ich meine Haltung entwickelt, die ich *Kontakt-Stopfen* nenne und die sich für mich – und meine Medianten – immer wieder aufs Neue als sehr hilfreich erwiesen hat. Auf diese Metapher bin ich durch eine Erinnerung an meine Oma gestoßen. Sie wohnte während meiner Kindheit bei uns im Haus. Abends saß sie in ihrem Zimmer und stopfte die Löcher in unseren Strümpfen. Dieses Bild des Lochs und des Stopfens habe ich auch in Mediationen vor Augen. Besonders deutlich zeichnet sich das Bild im Zweiersetting ab, wenn ich vor den beiden Konfliktparteien sitze und das Loch zwischen ihnen konkret sehe und spüre. In Gruppen beschränkt es sich auf das Spüren und auf Sitzhaltungen.

Was verstehe ich in diesem Kontext unter Stopfen? Die jeweiligen Konfliktdarstellungen zeichnen sich dadurch aus, dass die Beteiligten noch keinen direkten Kontakt aufnehmen und ihre Themen nacheinander präsentieren. Dadurch entsteht eine Spannung, die sich aus den unterschiedlichen Perspektiven speist, denn sonst wäre es ja kein Konflikt. Von daher wundert es nicht, wenn es Impulse gibt, auf die Darstellung des anderen – oder bei Gruppen der anderen – zu reagieren. Das ist in dieser Phase der *Konflikterhellung* auch erwünscht und förderlich. Diese Beiträge nehme ich dann sozusagen als mein »Stopfmaterial«, etwa in der Form, dass ich – bei zweien lässt es sich am leichtesten demonstrieren – einen der Medianten bitte, mit seinen Worten zu wiederholen, was er vom anderen verstanden hat. Da es sich um ein Konfliktgeschehen mit emotionaler Unterwärme handelt, wird die Rede des Kontrahenten regelhaft falsch verstanden. Dann bitte ich den Ersten, seinen Standpunkt noch einmal zu wiederholen und frage wieder, was der andere verstanden hat. Durch diesen zweiten Durchgang hat die

Ohrverstopfung des Kontrahenten so weit abgenommen, dass das Zuhören schon leichter fällt. Die Rückfrage ergibt dann meistens, dass das nun Verstandene dem Gesagten sehr nahe kommt. Damit beende ich dann diese erste Sequenz und frage im Sinne der Allparteilichkeit die andere Seite, ob sie auch etwas sagen möchte, und damit wiederholt sich das Prozedere.

In Anlehnung an das aktive Zuhören, habe ich jetzt einige Fäden hin- und hergestopft. Und so geht es dann eine ganze Weile weiter. Neben dieser manifesten Ebene der zwangsläufigen Kontaktaufnahme geschieht auf einer tieferen Ebene etwas ganz Wesentliches. Die jeweils andere Seite muss sich durch das Wiedergeben des Gehörten zwangsläufig für eine Millisekunde quasi in den anderen hineinversetzen, um sie oder ihn einigermaßen gut zu verstehen. Durch dieses sequenzielle Sichhineinversetzen in den anderen vollzieht sich ein kurzer *Perspektivwechsel.* Um die Aussage des anderen inhaltlich annähernd wiedergeben zu können, bleibt dem Wiederholenden nichts anderes übrig, als verstehend die Position des anderen einzunehmen. Er wird sozusagen in diesem kleinen Augenblick selbst zu dem anderen. Sogar dann, wenn er auf der manifesten Ebene versucht, zu verstehen, was der andere meint. Die zweite Wirkebene des Perspektivwechsels geschieht durch das Verstehen der anderen Wahrheit(en), denn diese sind immer subjektiv konstruiert.

Der *Perspektivwechsel* gehört zu den beiden wesentlichen Elementen, die zum Erfolg eines Mediationsverfahrens führen. Man könnte sich fragen, warum Mediation bei verhärteten Konflikten überhaupt so wirksam ist. Ich denke, eine Variable ist ganz sicherlich der Perspektivwechsel, das sukzessive Verstehen und Erfühlen der Sichtweise des Kontrahenten. Der andere wesentliche Zugang ist die *Wertschätzung* durch die Mediatorin und prozessbedingt zunehmend zwischen den Konfliktbeteiligten.

Im Sinne der Mediation verfolge ich die Haltung, dass gegenseitige Entwertungen und Beleidigungen nach Möglichkeit vermieden werden sollten, nach dem Motto: Eskalieren kann der Konflikt auch ohne Berater; die Konfliktbeteiligten haben meist eine hohe Kompetenz in subtiler Kränkung entwickelt und dadurch die Eskalationsschraube unversehens höher gedreht. Als Mediatoren versuchen wir, die Entwertungen umzuformulieren in Wünsche, Bedürfnisse oder Interessen. Anders geht der Konfliktklärer Christoph Thomann (2008) vor, wenn er den »Dialog der Wahrheit« vorschlägt, das heißt, dass die Konfliktbeteiligten sich die subjektiven Meinungen ungefiltert mitteilen. Ich habe beim Lesen seines Buches eher den Eindruck gehabt: sich an den Kopf werfen, wobei Thomann betont, dass er weiß, dass im Teamkontext der Einzelne immer für ein latentes Gruppenthema steht. Thomann versucht die Konflikteinbringer zu schützen, meint aber, dass die »Wahrheit« auf den Tisch kommen muss, da sie hinter vorgehaltener Hand sowieso existiert. Aber was ist die Wahrheit? Ist sie nicht ein buntes Gemisch aus Projektionen, Vorwürfen, Unschuldsbegründungen und Versuchen, sich selbst als Opfer darzustellen? Diese vermeintlichen »Wahrheiten« in Anwesenheit des Mediators zu äußern, ist von besonderem Gewicht und nachhaltiger Tiefenwirkung. Durch seine Anwesenheit repräsentiert der Mediator die Öffentlichkeit, und damit ist der Raum ein anderer, als wenn die Konfliktparteien unter sich sind; die Aussagen und Kränkungen gehen tiefer, bleiben länger im Bewusstsein und sind deshalb in besonderer Weise schamanfällig[12].

Auch ich bin ein Verfechter des Gebots der Wahrheit, allerdings in einem tieferen Verständnis, nämlich in dem Sinne, dass die zugrundeliegenden Verletzungen thematisiert werden. Ich verstehe Wahrheit also als die Suche nach den verborgenen Bedürfnissen beziehungsweise Wünschen, dem sogenannten Eigentlichen. So kann ein Versöhnungsausgleich stattfinden. Wobei es uns in der Mediation – wie gesagt – nie um die Suche nach dem Recht und damit auch nicht nach letzten Wahrheiten geht.

---

12 Marks (2015) spricht in diesem Zusammenhang von »Intimitätsscham«, die immer dann hervorgerufen werden kann, wenn jemand etwas von sich preisgibt.

Die anfänglich dialogische Kommunikationsstruktur in Richtung Mediator aus der *Phase 2: Konfliktdarstellung* setzt sich hier anfänglich durch die ersten Stopfübungen fort. Das Ziel ist jetzt jedoch, dass die Kontrahenten zunehmend ins Gespräch kommen, um ihre Handlungskompetenz zurückzugewinnen und eine für sie passende Lösung zu generieren. Zwischendurch kann es immer wieder vorkommen, dass die Konfliktparteien wieder auf die Positions- beziehungsweise Symptomebene zurückgreifen. Das ist ein Zeichen dafür, dass sie aus dem Eisberg wieder aufgestiegen sind auf das sichere Terrain des Ausgangskonfliktes: Annäherungen erfordern oftmals den Rückzug in die Sicherheit des Konflikts.

Bewährte Interventionsstrategien

Erweiterung des Aktiven Zuhörens

Haben wir uns in der *Phase 2: Konfliktdarstellung* aufs Paraphrasieren begrenzt, um den Ball flach zu halten, erweitern wir jetzt unsere aktive Aufmerksamkeit auf den Gefühlsbereich. Wir spiegeln auch die Gefühle, Emotionen und in angemessener Form auch den Körperausdruck, zum Beispiel indem wir feststellen: »Sie hat das maßlos geärgert.« Ich interveniere auf einem dem Organisationellen angemessenen Tiefenniveau (Harrison 1970) aus dem Wissen heraus, dass die Konfliktdynamik immer mit Kränkungen und Verletzungen einhergeht. Das ist auf der Arbeitsebene nicht anders als in anderen Kontexten, wenngleich wir sehr vorsichtig im Ausbalancieren der Tiefe sind und damit fernab therapeutischer Ebenen. Doch ohne gefühlsmäßige Involviertheit und dem Ausdrücken derselben geht es in Arbeitsbeziehungen nicht. Eine hilfreiche Differenzierung bieten Prior und Thomann (2015) an, wenn sie zwischen Privat und Persönlich unterscheiden: »Privat sind Familie, Ehe, Kindererziehung, Religion« usw. »Persönlich hingegen sind Kenntnisse, Haltungen, Motivationen und Gefühle und damit auch Einstellungen und Hindernisse, die die Arbeit« betreffen. So unterstreichen sie, dass die Gefühle, die mit der Arbeit verbunden sind, hier ihren legitimen Platz haben.

Vorwürfe sind verunglückte Wünsche

Gegenseitige Vorwürfe und rechtfertigende Reaktionen oder stillschweigender Rückzug sind das Salz jeder Konfliktdynamik, ich glaube das kann man so absolut feststellen. Und da dem so ist, wundert es nicht, dass wir auch im Konfliktklärungsgespräch darauf stoßen. Da diese emotionalen Haltungen die nötige Verhandlungskompetenz der Beteiligten verhindern, sehe ich meine Aufgabe darin, Vorwürfe umzuformulieren. Anita von Hertel (2009) hat in diesem Zusammenhang den schönen Satz geprägt: »Vorwürfe sind verunglückte Wünsche.« In diesem Sinne versuche ich bei Vorwürfen herauszufinden, welcher Wunsch dahinter verborgen sein könnte, zum Beispiel mit der Frage: »Kann es sein, dass Ihnen Aufmerksamkeit wichtig ist?« Prior (2013) nennt es die *VW-Regel: Vorwürfe in Wünsche umformulieren*. Ich sehe meine Rolle hier als Übersetzer, um die Vorwürfe als Wunschaussagen annehmen zu können. Denn auf den Wunsch kann das Gegenüber eingehen – oder auch nicht. Ein Wunsch provoziert aber keine negative Gegenreaktion. Im Gegenteil, es ist eine Einladung zum Nachfragen, was denn damit gemeint sein könnte. Gestärkt wird so der direkte Kontaktaufbau zwischen den Beteiligten.

Thomann (2008) versteht *Vorwürfe als Gefühlsschutz* und stellt sich dabei ein Drei-Schichten-Modell vor:

- Vorwürfe auf der Oberfläche
- darunter die »harten Gefühle«: Aggression, Ärger, Wut, Neid, Trotz
- und im Kern die »innere Not«: Hilflosigkeit, Angst, Schmerz, Trauer

Die Vorwurfsebene kann konstruktiv dadurch verlassen werden, wenn es der Mediatorin gelingt an die darunter liegende Schicht der harten Gefühle – wie Ärger oder Neid – vorzudringen. Der Weg ist derselbe wie oben beschrieben und gelingt durch Umformulierungen und Nachfragen. Diese zweite Ebene in organisationellen Kontexten zu erreichen, hält Thomann für ausreichend. Die »innere Not« dahinter denken wir uns als Mediatoren verständnisvoll mit.

Zwei »Unworte«

Auf zwei Wörter der Relativierung stoße ich immer wieder. Das stärkste ist *aber*. *Aber* relativiert die positive Aussage der ersten Satzhälfte oder macht sie sogar zu einer negativen Aussage: »Ich schätze meinen Kollegen, *aber* er kommt immer zu spät.« Reagieren wird die andere Konfliktpartei vermutlich nicht auf die positive Aussage der ersten Satzhälfte, sondern auf die nachgeschobene Kritik am Zuspätkommen mit einer ebensolchen Gegenkritik oder mit trotzigem Rückzug. Das *aber* nimmt der Aussage jegliche positive Spannung. Deshalb unterbreche ich den Sprecher oder die Sprecherin konsequent, wenn ich das »a« höre. Denn auf den ersten Satzteil kann der oder die andere reagieren, meist sogar mit einer gleichfalls positiven Aussage. Ich bin mir durchaus bewusst, dass der Sprecher vielleicht eine Relativierung beabsichtigt oder vor einer positiv gesetzten Konnotation im Konfliktgespräch schamhaft ausweicht. Wie dem auch sei, das *aber* schränkt meistens den weiteren konstruktiven Gesprächsverlauf ein.

Das andere Relativierungswort ist *eigentlich*. Wir wissen, dass es eine ähnliche Wirkkraft besitzt, wenn auch nicht in der gleichen Intensität wie das *aber*. Da es im Satzfluss eingebaut ist, ist eine Unterbrechung meinerseits nicht sinnvoll. Vielmehr übersetze ich die Aussage hier positiv, um den Kontakt zu fördern.

Eine ganz andere Konnotation hat die Bedeutung von »Das Eigentliche«. Dabei wird hinter dem Gesagten, dem Manifesten, ein tieferliegendes Thema vermutet, das »Wahre«, eben das Eigentliche. Wir kennen Ähnliches aus der Psychoanalyse (das Unbewusste).

Bei den kontexterweiternden W-Worten habe ich in Kapitel II vor *Warum-Fragen* gewarnt, weil sie Rechtfertigungen provozieren. Währenddessen halten die Autoren des Harvard-Konzepts, Fisher und Kollegen, die »Warum-Frage« in manchen Fällen durchaus für hilfreich, weil sich in der Begründung Interessen verbergen können: Einmal zielt die Warum-Frage in die Vergangenheit hin zu einer Ursache, ein anderes Mal zielt sie nach vorne und sucht nach Zielen. »Streiten Sie nicht mit der Gegenseite über die Vergangenheit, sprechen Sie lieber über das, was nach Ihrer Meinung künftig geschehen soll«, so ihr Motto. Im fortgeschrittenen Prozess, wenn wir uns von den Positionen entfernt haben, kann die »Warum-Frage« sinnvoll sein, weil die Befürchtung einer Rechtfertigung dann nicht so groß ist, sondern weil die Frage eher bestimmte Handlungen nachvollziehbar macht.

Auf die Wirksamkeit des *»positiven Konnotierens«* hat Peter Fürstenau (2007) schon vor Jahren hingewiesen. Die Kunst des Beraters ist es, in den oft negativen Aussagen nach dem positiven Kern zu suchen, da dies die größten Kontaktchancen eröffnet. Dahinter verbirgt sich seine Erfahrung, dass sich ein Arbeitsbündnis über einen wertschätzenden Fokus am ehesten aufbauen lässt. In diesem Zusammenhang fällt mir eine (deutsche?) Angewohnheit immer wieder auf, nämlich positive Dinge in der Negation auszudrücken: »Meine Kollegin arbeitet gar nicht so schlecht!« Bekannt ist, dass beim Zuhörer das Wörtchen »nicht« überhört wird und so unter Umständen nur der negative Teil präsent bleibt. Auch hier hilft die Umformulierung in »Ihre Kollegin arbeitet gut«, wohl wissend, dass das nicht den vollständigen Gehalt der Aussage spiegelt; die geänderte Formulierung erzeugt dennoch die nötige Spannung, die einen Weg für die Weiterarbeit eröffnet.

Gegenseitige Wünsche anmelden

Im fortgeschritten Prozess der Konflikterhellung kann die Frage des Mediators nach den Wünschen der jeweils anderen Konfliktpartei förderlich sein. Diese Frage darf prozesshaft nicht zu früh gestellt werden, da dann auf der Positionsebene reagiert wird (bei meinem Orangenbeispiel: »Ich will die Orange«). Kommt die Frage im fortgeschrittenen Prozess der Konflikterhellung, markiert sie oft einen entscheidenden Wendepunkt. Denn die Gefragten antworten dann häufig in meine Richtung und wenn ich sie bitte, es doch dem anderen direkt zu sagen, geht der Blick in diese Richtung und beide müssen spontan lachen. Das beobachte ich regelmäßig, selbst in hochstrittigen Fällen, und das Lachen sorgt für eine wohltuende Entspannung. Die Frage nach den Wünschen wird dann auf der emotionalen Ebene beantwortet (»Ich möchte mit dir gut zusammenarbeiten«).

Im fortgeschrittenen Klärungsprozess kann es ebenso zielführend sein, die Interessen und Wünsche der Beteiligten zu sammeln und zu visualisieren. Wenn es sich um zwei Beteiligte handelt, schreibe ich die Interessen in zwei Spalten für A und B untereinander auf, um dann gemeinsam nach Schnittstellen zu suchen. Daraus ergibt sich oft ausreichend Stoff für eine gemeinsame Vereinbarung.

Bei Teams sammle ich die Interessen und Wünsche, die die einzelnen Mitarbeiter an ihre Zusammenarbeit haben, gemeinsam ein, um nach dem Zusammentragen zu schauen, wo sich konsensuelle Gemeinsamkeiten herausschälen. Auch diese bilden dann meist das Material für eine Vereinbarung.

Wendepunkte

Wendepunkte im Verfahren zeichnen sich durch spürbare atmosphärische Veränderungen aus. Eine solche Veränderung kann sein, dass die Konfliktbeteiligten im konstruktiven Austausch ohne gegenseitige Entwertungen miteinander verhandeln. Dann kann sich der Mediator entspannt in die Beobachterrolle zurücklehnen. Ein anderer markanter Punkt ist, wenn der Perspektivwechsel so weit gediehen ist, dass gegenseitig Kränkungen und Verletzungen adressiert werden können. Solche Momente haben fast etwas – wie eine Mediantin es nannte – Heiliges im Sinne von tiefer Berührung und Begegnung. Es entsteht eine bedächtige Ruhe mit großer Entspanntheit, die kaum zu beschreiben ist und auch mich als Mediator berührt. Die Blicke der beiden Medianten treffen sich und Sätze wie: »Das kann ich verstehen« werden vom anderen offensichtlich aufgenommen wie eine Entschuldigung. Obwohl es im Grunde nichts zu entschuldigen gibt. Vielleicht denke ich dabei an Sätze wie: »Ich vergebe dir, wie wir vergeben unseren Schuldigern«, die für einen Atheisten sicherlich völlig falsch wiedergegeben und verstanden sind. Macht aber nichts. Schwarz (2005, S. 83ff.) hat dafür den schönen Begriff des »Seelenkontos« geprägt, das heißt, alte verletzende Konflikte »warten« auf eine günstige Gelegenheit der Entladung. Die Entspannung stellt sich regelmäßig dann ein, wenn der andere die Kränkung des Kollegen verstanden hat, wenn der gekränkte Kollege seine Verletzung an den für ihn adäquaten Partner adressieren kann. Gerade wenn ich den Beginn der Zerstrittenheit, Kontaktlosigkeit und beidseitigen Distanz vergleiche mit dem, was in diesen Momenten zwischen den Beteiligten geschieht, ist fast nicht fassbar, was in so relativ kurzer Zeit möglich ist, und wie tief der Wunsch der Medianten gewesen sein muss, die Verhärtung aufzulösen.

Wir sind jetzt zum »tiefsten Kontaktpunkt« (s. Abb. 7) vorgedrungen, die Verhärtung des Konfliktes hat sich weitgehend aufgelöst und in Kommunikation verwandelt. Jetzt können die Kontrahenten in der Regel für ihren Bereich adäquate Lösungen finden, die wir dann schriftlich festhalten. Damit ist die *Phase 3: Konflikterhellung* beendet und wir befinden uns auf dem Weg zu einem Abschluss.

Pausen und Einzelgespräche

Hilfreich ist es, den entschleunigten Modus über den gesamten Prozess beizubehalten. Dazu hat es sich für mich bewährt, an verschiedenen Stellen kleine Pausen einzulegen, und zwar dann, wenn es eine sehr nachdenkliche Phase gibt, von der ich mir wünsche, dass sie nachhaltig wirkt und nicht zu schnell zerredet wird. Oder wenn die Dynamik so eskaliert, dass kein Gespräch mehr möglich ist. Sinnvoll in beiden Situationen ist, neue Energie zu tanken, daher öffne ich kurz das Fenster und bitte die Medianten, aufzustehen, sich zu bewegen (»Bewegung bewegt«) und eventuell ein Getränk zu sich zu nehmen. Solche Pausen ermöglichen eine neue Bodenhaftung und lassen die Fortsetzung der Mediation wirken wie eine neue Sitzung. Es geht anders weiter, als wir aufgehört haben. Peter Heintel (2017, S. 9) bringt den unschätzbaren Wert von Pausen auf den Punkt, wenn er sagt: »Anhalten heißt, Halt zu bekommen – bei sich selbst und beim anderen.« Er spricht von Pausen in diesem Zusammenhang daher auch von »An-Halts-Punkten«.

Kommt der Prozess ohne ersichtlichen äußeren Grund über längere Zeit ins Stocken, hat es sich bewährt, mit allen Beteiligten Einzelgespräche zu führen, da es sein kann, dass über heikle Themen nicht gesprochen wird, diese aber relevant zum Verstehen der Dynamik sind.

In der Mediation von zwei Abteilungsleiterinnen ergab sich eine solche festgefahrene Situation. Formal waren beide strukturell auf gleicher Ebene angesiedelt, faktisch aber hatte die eine Abteilungsleiterin die Aufgabe, die Ergebnisse der anderen zu prüfen und freizugeben. Darüber entstanden häufig Auseinandersetzungen, weil die kontrollierte Abteilungsleiterin sich ungerecht behandelt und bevormundet fühlte. Im Einzelgespräch äußerte sie den Verdacht, dass die Kollegin eine Affäre mit dem Vorstandsvorsitzenden hat oder hatte. Da diesem beide unterstellt sind, hat sie das Gefühl, dass die Kollegin daraus

Vorteile zieht, weil ihr sozusagen der kurze Dienstweg zur Verfügung steht und sie daraus ihren Machtvorteil ableitet.

Im Einzelgespräch mit der anderen Kollegin kam diese schnell auf das Gerücht im Hause zu sprechen und bestätigte ihre zurückliegende Affäre mit dem Leiter. Aber daraus ziehe sie keinen Vorteil. Im folgenden gemeinsamen Gespräch gingen beide nicht darauf ein, dennoch hatte sich ein Knoten gelöst und die Arbeitsfähigkeit war halbwegs wiederhergestellt. So konnte in kurzer Zeit eine gemeinsame Vereinbarung im Umgang mit der Prüfsituation getroffen werden. Solche »heimlichen Lieben« (Schmidbauer 1999) in Organisationen sind keine Seltenheit, oft verbreiten sie schambesetzte Nebelschwaden.

Inwiefern es sinnvoll ist, in solchen Sackgassensituationen den gesamten Prozess zu unterbrechen und beispielsweise ein Coaching einzuschieben, schildere ich im Abschnitt »Mediation und Paarberatung« bezugnehmend auf Anita von Hertel, die einen solchen Fall in der Nachfolgeregelung eines Familienunternehmens erfolgreich durchgeführt hat.

Metaebene – Normalisieren

Im normalen Fünf-Phasen-Modell nach Glasl kämen jetzt als vierte Phase die Lösungssuche für den Ausgangskonflikt. Ich sagte bereits, in OrganisationsMediationen entfällt dieser Schritt in aller Regel, da die Medianten im Kontakt sind und auf Grundlage ihres Arbeitskontextes eine passende Vereinbarung finden. Diese stellt dann die letzte Phase dar, auf die ich noch eingehe.

In Abweichung beziehungsweise Ergänzung zum klassischen Mediationsablauf habe ich an anderer Stelle einen siebten Schritt (vgl. Pühl 2010, S. 53ff.) eingefügt, und zwar die Metaebene, auf der der Berater den Konflikt aus seiner fachlichen Perspektive einschätzen und in einen größeren Zusammenhang stellen kann, indem er zum Beispiel erläutert, welche ursächlichen Gründe er für die Konfliktdynamik sieht. Manchmal reichen auch kleine Hinweise aus, zum Beispiel, dass eine funktionierende Teamarbeit einen entsprechenden Rahmen braucht, also regelmäßige Teambesprechungen unter Teilnahme des Vorgesetzten und möglichst auch eines wechselnden Moderators. Ich halte diesen Zwischenschritt im Kontext der OrganisationsMediation oftmals für hilfreich, und zwar nach Klärung und Beruhigung der emotionalen Verwobenheiten in die Konfliktdynamik. Ich gehe davon aus, dass die vermeintlich zwischenmenschlichen Konflikte immer durch organisationelle Strukturen beeinflusst, ja ausgelöst werden und dass der Blick darauf bei den Beteiligten zu einer Entlastung führen kann. Denn es sind immer die realen Menschen, die in ihren Rollen und Funktionen als Protagonisten die Konfliktdynamik tragen. In dieser Phase nun hat der Berater die Chance, den Konflikt auf einer Metaebene aus seiner Perspektive fachlich einzuschätzen und in einen größeren Zusammenhang zu stellen. Die Klienten erleben es als entlastend, dass eine zunächst unlösbare Situation wieder »etwas Normales« bekommt. Diese *Normalisierung* weist darauf hin, dass einige Spannungen zum beruflichen Alltag dazu gehören und balanciert werden müssen. In dieser Phase können sich die beraterischen Kompetenzen aus dem mediatorischen und arbeitsbezogenen Spektrum des OrganisationsMediators zu einer Einheit verbinden.

Implizite Mediation

Mediation ist in erster Linie ein Kommunikationsverfahren, deshalb sind Anwendungen auch außerhalb des Phasen-Standardverfahrens hilfreich und sinnvoll. Ich denke dabei zuerst an Besprechungen gleich welcher Art. Auch hier lässt sich beobachten, dass die Beteiligten sich auf der Verständnisebene verhaken und die Sachebene verlassen, manchmal ohne es selbst zu bemerken. Anders ausgedrückt: Bei A kommt etwas anderes an, als B gemeint hat. Beide reden dann engagiert aneinander vorbei. Solche Phänomene lassen sich hervorragend in Talkrunden im Fernsehen studieren. Da wird auf Fragen geantwortet, die nie gestellt wurden und Beiträge werden kritisiert, die so nie gesagt wurden.

Wenn einem als Berater und Moderator so etwas auffällt, können die Tools der oben beschriebenen Phasen 2 und 3 helfen, die Kommunikation wieder auf eine Verstehensebene zu bringen. Wenn ich in Teamberatungen zum Beispiel den Eindruck habe, dass die Kommunikation zwischen zwei Mitgliedern aneinander vorbeiläuft, frage ich B was er von A verstanden hat. Und dann zurück an A, ob es so gemeint war. Die Antwort ist dann meistens ein Nein. So kann man auch bei wenig eskalierten Missverständnissen im Sinne des Stopfens intervenieren, ohne dies als Mediation kenntlich zu machen.

Meine Schlüsselszene durch die ich auf den Begriff *Implizite Mediation* gestoßen bin, hat sich vor vielen Jahren im Rahmen einer Ärztesupervision ereignet (Pühl 2010):

Die selbstfinanzierte Supervision eines Ärzteteams einer Klinik hatte den Auftrag, die Kooperation unter den Kollegen zu verbessern. Durch Stress und häufigen Personalwechsel waren die Bedingungen eines Austausches sehr erschwert, es entstand kein Klima des kollegialen Miteinanders. Schon zu Beginn der Supervision hatte ich den Ärzten empfohlen, ihren Chefarzt nicht aus der Beratung auszuschließen, da erfahrungsgemäß die Leitung wesentlich zum Gesamtklima beiträgt. Diesen Gedanken fanden sie zuerst höchst befremdlich, denn dieser Chef wurde als mächtig und Furcht einflößend erlebt. Nach einer Weile des gemeinsamen Arbeitens kamen wir aber an den Punkt, an dem es an der Zeit war, die Kritik und die Wüsche an den Chefarzt im geschützten Rahmen der Supervision zu bearbeiten. Der Chefarzt hatte keine Bedenken und folgte der Einladung gern. Die Ärzte hatten große Angst, dass eine Bombe platzen könnte und alles noch schlimmer als vorher würde.

Wir verabredeten eine Sitzung zusammen mit dem Chefarzt. Ich war auch aufgeregt. Die Atmosphäre vor dieser Sitzung war zum Zerreißen gespannt. Obwohl die Sitzung unter der Überschrift Supervision lief, nahm ich eher eine mediative Haltung ein, das heißt, vor meinem inneren Auge sah ich den Chefarzt und das Ärztekollegium als zwei gleichberechtigte Parteien, die ins Gespräch kommen wollen. Mit dieser Haltung gelang es mir, den Chefarzt vor überflutenden Vorwürfen zu schützen und seine Anliegen gleichberechtigt zur Sprache kommen zu lassen. Die Ärzte konnte ich dazu bringen, sich auf einige Punkte zu begrenzen, sodass ein Klima des gegenseitigen Zuhörens entstehen konnte. Dies war in den Klinikbesprechungen immer nicht möglich gewesen. Es wurden einige Dinge vereinbart, zum Beispiel eine Regel, wie die Besprechungen in Zukunft angstfreier ablaufen könnten. Danach arbeiteten wir im »normalen« Setting weiter. Die Ärzte waren überrascht, wie konstruktiv die Sitzung abgelaufen war. In späteren Sitzungen kam bei bestimmten Themen der Chefarzt wieder dazu.

Meine Einschätzung war, dass mir der Blick des Mediators in dieser brenzligen Situation geholfen hat, die Situation konstruktiv zu meistern. Wenn ich hier von *impliziter Mediation* spreche ist genau das gemeint: Innerhalb eines mediationsfremden Settings in konfliktären Situationen als Leiter, Trainer oder Berater innerlich auf das Programm Mediation umzuschalten. Die Phasen *Konfliktdarstellung* und *Konflikterhellung* (s. Kapitel III) sind dabei die entscheidenden:

➢ Dem jeweils Sprechenden sollte der Raum gegeben werden, sein Anliegen wirklich zu Gehör zu bringen. In angespannten Situationen ohne Intervention werden seine Beiträge in der Hitze des Gefechts schnell durch neue Äußerungen überlagert. Besonders gilt das für Beiträge, von denen ich vermute, dass sie für den Gesamtprozess wichtig sind, weil sie vielleicht Positionen vermitteln, die nicht den Mainstream repräsentieren. Hier erweist sich das aktive Zuhören als hilfreiche Intervention (»Habe ich Sie richtig verstanden …«), denn zum einen wirkt es entschleunigend und zum anderen öffnet es die Ohren der Anwesenden (wie ich es oben beschrieben habe). Das erinnert an die Phase *Konfliktdarstellung* und die Würdigung unterschiedlicher Meinungen.

- Damit die Beiträge nicht wie lose Fäden im Raum hängen bleiben, sondern die Chance für Kontakt und Diskurs eröffnen, sollte der Prozessverantwortliche dafür sorgen, dass das Gesagte vom Adressaten auch so verstanden wird, wie es der Absender gemeint hat. Als Berater erlebe ich in fast jeder Teamberatung, dass Mitarbeiter sich nicht auf den anderen beziehen (Talksendungen sind ein anschauliches Beispiel für diese Gesprächs-Unkultur). Diese *Kommunikationslöcher* fallen auf den ersten Blick nicht sofort auf, frage ich allerdings nach, was vom jeweils anderen verstanden wurde, zeigt sich oft, dass gar nicht zugehört, sondern nur auf einen Schlüsselreiz reagiert wurde. Oder Aussagen werden als Vorwurf erlebt und ihnen wird mit einer Rechtfertigung begegnet. Hier erweist sich das »*Kontakt stopfen*« aus der Phase *Konflikterhellung* als ein wirkkräftiger Weg.

Im Gegensatz zum klassischen Phasenverlauf folgt im Gesprächsverlauf beim inneren Programm *Implizite Mediation* nicht eine Phase nach der anderen, sondern wir haben beide Essentials gleichwertig im Blick und intervenieren situativ. So entsteht meistens schon nach sehr kurzer Zeit in der Runde eine höhere Sensibilität für die Gesprächskultur mit entsprechender Entschleunigung und Wertschätzung für die einzelnen Beiträge. Das mag banal klingen, ist aber von großer Wirkung. Manchmal bedarf es etwas Mutes und Präsenz, um in dieser Weise zu intervenieren. In Fällen wie oben beschrieben – wenn es um das Balancieren von hierarchischen Positionen geht und/oder wenn Gesprächssituationen eskalieren und die Kommunikation zu entgleisen droht – ist es hilfreich, in diesen Modus einzusteigen.

Grenzen der Mediation

Je nach Mentalität der Beteiligten und Verhärtung des Konfliktes kann es vorkommen, dass die Klärung in der Phase *Konflikterhellung* scheitert. Dabei greife ich zwei neuralgische Punkte heraus:

- Expansion der Streitfragen: Die Konfliktparteien werfen weitere Streitpunkte in die Debatte und definieren jedes Phänomen, das mit der jeweils anderen Partei in Zusammenhang steht, als Streitpunkt um.
- Ausweitung des sozialen Rahmens: Die Konfliktparteien beziehen immer mehr Personen in den Konflikt ein.

In solchen Situationen hilft manchmal nur, die Frage zu stellen, ob jetzt eine Lösung gewünscht wird. Unter Umständen kann man die Frage noch erweitern und fragen, ob die Beteiligten etwas brauchen, um sich weiterhin auf das Verfahren einzulassen.

Peter Heintel (2006, S. 207) greift das Problem der Grenzen der Mediation auf und fragt, was geschieht, wenn eine Partei für sich eine Gewissensentscheidung reklamiert, gegen die grundsätzlich nichts einzuwenden ist. Wenn diese aber auf Moralität begründet ist, ist eine Grenze erreicht, die weitere Verhandlungen verhindert, da die eigene Moral einen Absolutheitsanspruch postuliert. Heintel fragt sich: »Kann es hier überhaupt Vermittlung und neue Bewegung geben?« Nur wenn es gelingt, »die Monopolisierung des Moralanspruchs zu hinterfragen und die verborgenen Widersprüche deutlich zu machen, die in der vordergründigen Zuspitzung moralisch gegen amoralisch stecken«, eröffnet sich eine Verhandlungschance. Dabei kann eine Analyse der unterschiedlichen Positionen und ihrer »Wertfiguren« hilfreich sein. Der Autor identifiziert mindestens vier »Moralitäten« die aufeinandertreffen können:

1. Das individuelle Gewissen,
2. die »Moralität der Bedürfnisansprüche«,
3. »die der Leistungsansprüche (erfolgreiches Überleben des Wirtschaftsunternehmens)« und

4. »die Moralität der Loyalität (was kann ich gegenüber den von mir Repräsentierten verantworten)«.

Auf der Ebene der »Moralität« ist, wie bei den Standpunkten, keine Annäherung möglich, dennoch kann es hilfreich sein, auf einer Metaebene zu untersuchen, welche unterschiedlichen Wertentscheidungen und Wertfiguren hier im Konflikt aufeinandertreffen.

Die »individuelle Ebene des Gewissens« spielt beispielsweise eine Rolle bei Streitigkeiten zwischen einer deutschen Sozialarbeiterin, die ihre Pflicht in der Erfüllung des Rechts sieht und das Fehlverhalten einer Flüchtlingsfamilie dem Gericht meldet, und ihrem afghanischen Kollegen, der dies nicht mit seiner Ethik vertreten kann und das Verhalten der Kollegin als Verrat empfindet.

Hier offenbart sich ein Wertekonflikt, der durch das Aufeinandertreffen von Beziehungs- und Sachorientierung verstehbar wird. Die deutsche Kollegin repräsentiert die Sachebene (Einhaltung der Gesetze), während der arabische Kollege auf der Beziehungsebene kommuniziert (Solidarität mit den Flüchtlingen). So finden beide nicht zusammen und fühlen sich vom anderen unverstanden.

Weitere Grenzen der Mediation ergeben sich, wenn

- sich in der Auftragsklärung abzeichnet, dass ein anderes Verfahren (Coaching, Fortbildung etc.) das Verfahren der Wahl ist.
- sich in den Vorgesprächen zu einer hierarchieübergreifenden Mediation herauskristallisiert, dass das Vertrauen des Mitarbeiters nicht gegeben ist und er Sanktionen befürchtet.
- eine Konfliktpartei aus gesundheitlichen oder psychischen Gründen den Anforderungen nicht gewachsen ist.

Dennoch gilt als Grundsatz meine Formel: Die Eintrittskarte in die OrganisationsMediation heißt *Bereitschaft zur Konfliktklärung,* und wenn sich diese Bereitschaft in der Anfangsphase als gegeben erweist, ist vieles möglich.

Alibi-Mediation

Eine besonders makabre Grenzlinie findet sich in Fällen, in denen eine Partei kein ehrliches Interesse an einer Konfliktlösung hat, dies aber vehement behauptet. Ich habe nur einmal in meiner langjährigen Praxis einen solchen Fall erlebt.

Es handelte sich um einen großen Verband aus dem Gesundheitssektor mit einem hohen ethischen Anspruch. Angefragt hatte der ehrenamtliche Vorstand im Einvernehmen mit dem Geschäftsführer. Letzteren kannte ich seit mehreren Jahren durch die gemeinsame Moderation des Vorstandes. Zwei Mitglieder des Vorstandes waren mir aus dieser Zeit ebenso bekannt, die anderen fünf waren gerade hinzugewählt worden. Als Konflikt benannten beide Seiten – Geschäftsführer und Vorstand – die reibungsvolle Zusammenarbeit. Nach getrennten Vorgesprächen fand die Mediation ganztägig in einem Hotel statt. Der Prozess lief aus meiner Sicht überraschend flüssig. Ich kürze hier ab und komme zu dem Punkt, als es darum ging, die möglichen Optionen abzuwägen. Es gab von beiden Seiten zahlreiche Vorschläge. Als diese bewertet werden sollten, stellte sich für mich das Unsagbare heraus: All die genannten Ideen wurden vom Vorstand als unrealistisch bezeichnet. Übrig blieb eine weiße Wand. Dann verkündete ein Vorstandsmitglied, dass dann nur die Möglichkeit bliebe, sich vom Geschäftsführer zu trennen – und die Mehrzahl der Vorstandsmitglieder unterstützten diesen Schritt. Der Geschäftsführer war fassungs- und sprachlos. Mir ging es nicht anders. Da die vereinbarte Zeit vorbei war, konnte nichts mehr besprochen werden.

Im Nachhinein habe ich erfahren, dass dem Geschäftsführer tatsächlich die Kündigung ausgesprochen wurde, woraufhin zwei

Mitglieder den Vorstand verlassen haben, da sie diese Entscheidung nicht mittragen wollten. Ich erkläre mir diesen Mediationsmissbrauch damit, dass es sich um eine Organisation mit großem gesellschaftlichen Renommee handelte, die um der Ehre willen in der Öffentlichkeit (und vor ihren eigenen Gewissen) so dastehen wollte, als hätte sie alles Menschenmögliche unternommen – mit dem Ergebnis, leider keine andere Lösung als die Entlassung des Geschäftsführers gefunden zu haben.

Abschluss einer Vereinbarung (Maßnahmensicherung)

Hat man in der Mediation eine Lösung gefunden, wird diese in Form einer schriftlichen Vereinbarung[13] festgehalten. Der letzte Punkt dieser Übereinkunft legt fest, wie viel Zeit die Beteiligten benötigen, um den gemeinsamen Plan in der Praxis zu erproben (Verstetigungsphase). Zum vereinbarten Zeitpunkt findet ein erneuter Austausch zwischen Mediator und den Beteiligten statt, um festzustellen, ob die vereinbarten Punkte umgesetzt werden konnten. Ist der Konflikt mittelmäßig eskaliert, reichen oft Telefongespräche mit allen Beteiligten aus, ansonsten kann es ratsam sein, für die Besprechung eine eigene Sitzung anzusetzen. Sollten neue Konflikte aufgetaucht sein, bietet sich die Chance, offene Punkte nachzuverhandeln. Meine Erfahrung ist, dass die Konfliktbeteiligten auch im Falle von nicht wortgetreuen Vereinbarungen alternative Regelungen finden, die ihrem Arbeitsalltag besser gerecht werden. Das ist das Schöne an der Mediation: ist die Verhandlungskompetenz zwischen den Medianten erst einmal wiederhergestellt, können diese eigenverantwortlich neue Vereinbarungen und Regelungen finden und einhalten.

Bei komplexen Anliegen hat es sich bewährt *Teil-Vereinbarungen*

13 Die Vereinbarung sollte möglichst SMART sein: Spezifisch, Messbar, Aktionsorientiert, Realistisch und Terminierbar.

zu schließen. Hierbei werden nur zu einem Aspekt die Ergebnisse festgehalten. Das reduziert nicht nur die Komplexität, sondern gibt den Beteiligten im Prozess auch die Gewissheit, dass sie auf einem guten Weg sind, der bereits Ergebnisse zeitigt. Werden mehrere Teil-Vereinbarungen abgeschlossen, können wir sie zum Abschluss des Verfahrens zu einer gemeinsamen Vereinbarung zusammenfügen, um die Verstetigung in einem Follow-up-Termin abzugleichen.

Die Vereinbarung eines Bilanzierungsgespräches ist mir aus zwei Gründen wichtig: Zum einen, um mit den Betroffenen zu schauen, ob der Prozess erfolgreich war oder ob noch Themen nachverhandelt werden sollten, zum anderen als Botschaft an die Medianten, die mein Interesse an ihnen und ihrer Arbeit symbolisiert. So bleiben wir bis zum vereinbarten Zeitpunkt noch an einer sehr langen Leine verbunden, von der ich annehme, dass sie einen bedeutsamen Wirkfaktor darstellt.

Nach dem Abfassen der Vereinbarung wird ebenso besprochen, welche Informationen der Auftraggeber in welcher Form erhält. Bewährt hat es sich, die Vereinbarung dem Vorgesetzten zukommen zu lassen. Sie bildet dann die Grundlage für das Feedback-Gespräch mit dem Auftraggeber. Dabei ist von meiner Seite den Beteiligten freigestellt, ob sie teilnehmen möchten. Im Abschlussgespräch habe ich dann eine eher moderierende Rolle, um auf die möglichen Strukturthemen fokussieren zu können und unter Umständen Vorschläge zu genieren, welche Maßnahmen sich sinnvoll anschließen können.

Kapitel IV

Crossover – Das Patchworkmodell

Das Patchworkmodell liegt mir deshalb besonders am Herzen, weil ich hier meine ersten kraftvollen Erfahrungen mit Organisations-Mediation sammeln konnte. Bis zu meiner Mediationsausbildung war einer meiner Arbeitsschwerpunkte Teamberatung. Hier hatte ich mich oft hilflos gefühlt, massive Teamkonflikte zu bearbeiten. Im Nachhinein war es vielfach eher ein Durchwurschteln, das für alle Beteiligten, sowohl für die Teammitglieder als auch für mich, ein kraftraubendes und nervenaufreibendes Unterfangen war. Während meiner Ausbildung hatte ich erstmals die Chance, Mediation in einem Team anzuwenden (Pühl 2003):

In einer therapeutischen Rehaklinik habe ich einen längerfristigen Teamentwicklungsprozess durchgeführt. Ziel war es, die Kooperation innerhalb eines relativ neuen Teams zu begleiten und zu stabilisieren. Dabei ging es zum Beispiel um die Rollenfindung verschiedener Berufsgruppen und deren Zusammenarbeit im Alltag, die Klärung der Leitungsrolle und die Feinabstimmung des therapeutischen Konzeptes.

In einer Sitzung wurde gleich zu Anfang ein massiver Konflikt zwischen der Teamleiterin, einer Ärztin, und der Beschäftigungstherapeutin von beiden benannt. Ihre Zusammenarbeit sei massiv gestört, beide hätten das Gefühl, von der anderen nicht anerkannt zu werden.

Um die Arbeitsfähigkeit des Teams wieder sicherzustellen, schlug ich beiden eine Mediationsphase vor. Sie stimmten einvernehmlich zu, da sie an einer schnellen Lösung interessiert waren; der Zustand war für beide unerträglich geworden. Ich erklärte das Verfahren und die Vorgehensweise (s. mein Einleitungskapitel). Die Mediation fand im selben Raum statt wie die Sitzung mit den übrigen Kollegen, wir setzten uns abseits von diesen. Die übrigen Teammitglieder waren im Hintergrund anwesende Zuhörer.

Als Konflikt nannten beide Mediantinnen, dass sie sich in ihrer Persönlichkeit nicht von der anderen anerkannt fühlten. Sie zogen sich beide so gut es ging gekränkt zurück und mieden gemeinsame Kontakte.

Daraus resultierte der Wunsch nach Anerkennung und einem respektvollen Umgang. Die Ergotherapeutin fühlte sich von der Ärztin ignoriert. Wenn sie an ihr vorbeiging, wurde sie weder gegrüßt noch beachtet. Die Ärztin ihrerseits fühlte sich von der Ergotherapeutin nicht ernst genommen, da sie ihr in den Fallbesprechungen im Team die nötigen Informationen über ihre Patienten »regelrecht aus der Nase ziehen« musste. Ich kürze hier etwas ab, um zu der beschlossenen Vereinbarung zu kommen. Diese umfasste sieben Punkte:

1. *Die Beschäftigungstherapeutin fragt in Teambesprechungen von sich aus nach und berichtet von sich aus von ihren Patienten.*
2. *Die vorgesetzte Ärztin spricht die Beschäftigungstherapeutin freundlich an.*
3. *Die Beschäftigungstherapeutin zeigt Verständnis für die Situation der Vorgesetzten.*
4. *Die Beschäftigungstherapeutin bringt sich mehr ins Team ein (Teilnahme an den »Kaffeerunden«).*
5. *Die Vorgesetzte zweifelt die Fachkompetenz der Beschäftigungstherapeutin nicht an.*
6. *Beide gehen bei Störungen sofort aufeinander zu.*
7. *In der nächsten Teamsupervisionssitzung wird die Vereinbarung überprüft.*

Ich kann mir vorstellen, dass die Vereinbarung Überraschung hervorruft. Vielleicht erscheinen die Punkte als sehr banal. Wichtig aber ist, dass die Konfliktbeteiligten darin übereinstimmen und sie darin eine Lösung ihres Konfliktes sehen. Die Sequenz dauerte ungefähr eine Dreiviertelstunde. Nach einer kurzen Pause wurde der Teamkreis wieder geschlossen. Die nicht direkt beteiligten Teamkollegen waren nach dieser ersten Phase der Mediation sichtlich erleichtert. Denn auch für sie lag der Konflikt wie ein dicker Nebel über ihrer Zusammenarbeit und wirkte sich in erster Linie atmosphärisch als schlechtes Teamklima aus. Systemisch betrachtet hat die Ergotherapeutin natürlich auch für die anderen sogenannten »Nichtsprachlichen Therapeuten« (so der Klinikterminus) das Thema der mangelnden Anerkennung thematisiert. Dazu gehört zum einen der diffamierende Begriff »Nichtsprachlich« und die Klinikarchitektur (die ich in vielen vergleichbaren Häusern vorfinde): Die Ergotherapeuten arbeiten im Souterrain und die Ärzte haben ihre Räume im ersten Stock. Hinzukommt die unterschiedliche Bezahlung, an deren unteren Ende die »Ergos« stehen, dann kommen die Therapeuten (mehrheitlich Sozialpädagogen) und schließlich die Ärzte. Dies wurde bereits in vorherigen Sitzungen thematisiert, sodass an dieser Stelle kein neuer Bedarf angemeldet wurde.

In der darauffolgenden Sitzung, sechs Wochen später, wurde die Vereinbarung hinsichtlich ihrer Wirkung und Realisierung überprüft. Und siehe da: Für beide Seiten hatten sich die Wogen und Kränkungen geglättet. Sie waren in der Lage, die dienstlich wichtigen Dinge konstruktiv zu besprechen.

Für mich war das ein absolutes Highlight, auch wenn es sich nur um eine kleine Szene handelte. Es zeigte mir, dass es geht! Und es gibt andere Möglichkeiten, Konflikte in Teams – und somit auch in anderen berufsbezogenen Verfahren (wie der Teamsupervision oder auch der Organisationsberatung) – durch Integration kraftsparend zu klären, um die Arbeitsfähigkeit wiederherzustellen.

Gründe für die Kompatibilität von OrganisationsMediation

Ein Spezifikum der OrganisationsMediation ist, dass sie mit anderen arbeitsbezogenen Beratungsverfahren in hohem Maße kompatibel ist. Ich denke da zuerst an Teamsupervision beziehungsweise -coaching, Organisationsentwicklung und Coaching mit Doppelspitzen. Die innere Logik lässt sich aus den Beraterhaltungen nach Ed Schein (2000) gut ableiten.

Schein schlägt eine klärende Differenzierung entsprechend dem Selbstverständnis der Berater vor. Er unterscheidet Gutachtenberatung, Fachexpertenberatung und Prozessberatung.

Gutachtenberatung

Ausschlaggebend ist hier, dass die Kunden beziehungsweise die Beratungsnachfrager wissen, was das Problem ist und welche Lösung benötigt wird. Daraus ergibt sich die Aufgabe des Beraters, die notwendigen Informationen zu beschaffen und entsprechende Lösungen zu erarbeiten. In Deutschland sind die großen Unternehmensberaterfirmen KPMG, Roland Berger und McKinsey bekannt. Die Folgen dieses Vorgehens, dass über die Köpfe der Mitarbeiter hinweg Veränderungsexpertisen für Veränderungsprozesse erstellt werden, sind oft Mitarbeiterfrustration und massiver Umsetzungswiderstand, weil die Betroffenen nicht in den Prozess einbezogen wurden.

Fachexpertenberatung

Bezeichnend für dieses Beratungsverständnis ist, dass die Ratsuchenden zwar ein Problemempfinden haben, die Lösung aber nicht kennen. Man kann die Arzt-Patienten-Metapher heranziehen, um die Beziehung zwischen den Beteiligten zu charakterisieren: Der Patient verspürt die Schmerzen und wendet sich damit an seinen Arzt. Dieser nimmt die Schmerzsymptome als Anlass für eine Untersuchung (Diagnose) und schließt so auf mögliche Ursachen.

Der Arzt verordnet seinem Patienten ein spezielles Heilverfahren, das oftmals auf standardisierte Therapien zurückgreift, ohne den Patienten als Fachmann seiner eigenen Gesundheit einzubeziehen.

Prozessberatung

Bezeichnend für diese Haltung ist, dass es nicht um die Vorgabe einer Problemlösung geht, sondern um die Entwicklung einer Problemlösefähigkeit im ratsuchenden System. Der Berater hat lediglich eine unterstützende Funktion bei der Bestimmung und Lösung der Probleme der Ratsuchenden. Der Berater initiiert Lernprozesse. Deshalb ist dieses Modell auch unter dem Label »Lernende Organisation« bekannt geworden.

Wenn wir die Beratungsmodelle nach Schein zugrunde legen, ergibt sich Folgendes (s. Abb. 9):

1. Mediation können wir im weitesten Sinne der Prozessberatung zuordnen, und damit begründet sich die Verwandtschaft zum Teamcoaching und zur Organisationsentwicklung.
2. Mediation ist ein Beratungsverfahren (vgl. Pühl 2005). Für diese Zuordnung habe ich lange, letztlich erfolgreich, in der Community gestritten.

Der neuralgische Punkt, an dem man über diese Zuordnung ins Streiten kommen kann, macht sich vermutlich an dem Verhältnis von Begleiten und Instruieren fest. Für die OrganisationsMediation halte ich fachliche Beiträge des Beraters an bestimmten Stellen durchaus für hilfreich (s. Abschnitt »Metaebene« in Kapitel III). Wenn der Boden bereitet ist, ist ein Ratschlag kein Schlag, sondern eine hilfreiche ergänzende Erklärung zum Verständnis des Besprochenen.

Ein weiterer neuralgischer Punkt ist die Frage nach der Bedeutung der Berater-Interventionen. Das Modell von Schein könnte suggerieren, dass der Berater den Kunden in erster Linie begleitet, ihm dabei hilft, besser wahrzunehmen und entsprechend adäquater zu handeln. Wir sehen, das sind sehr schwammige Begriffe. Es könnte so scheinen, dass wir Berater und Beraterinnen uns vor der

Verantwortung drücken, wie stark wir in die ratsuchenden Organisationen eingreifen wollen und sollen. Unser Handwerkszeug besteht einzig und allein aus Interventionen: lateinisch intervenire = dazwischentreten, sich einschalten. Unsere Interventionen sind immer getragen von persönlichen Werthaltungen, individuellen Lebensläufen, Ausbildungskontexten usw.

Expertenberatung	**Arzt-Patient-Modell**	**Prozessberatung**
Der Kunde weiß, was das Problem ist, welche Lösung benötigt wird, woher die Lösung kommen kann.	Der Kunde spürt die Probleme, die Ursachen und Lösungswege sind ihm unbekannt. Der Berater übernimmt die Verantwortung für die richtige Diagnose (Problemerfassung) und die angemessene Lösung.	Der Kunde hat das Problem, behält die volle Verantwortung während des gesamten Beratungsprozesses.
Der Experte (Berater) beschafft die nötigen Informationen und erarbeitet die Lösungen.	Der Kunde vertraut dem Berater und ist abhängig vom Beratungsprozess bis zur Lösungsfindung.	Der Berater hilft dem Kunden, die prozesshaften Ereignisse wahrzunehmen, richtig zu interpretieren und zu verstehen und angemessen zu handeln.
Keine Partizipation	**Nur bedingte Partizipation**	**Partizipationsmodell**
Kein Einbezug der Mitarbeiter: großer Widerstand – Demotivation		Einbezug aller Beteiligter: Veränderungswiderstand kann prozesshaft aufgegeben werden: Kennzeichen »Lernende Organisation«

Abb. 9: Beratungsmodelle nach Ed Schein

Unsere Berater-Interventionen werden vermutlich immer begleitet sein von der Hoffnung, dass durch unser »Sich-Einschalten«, das »Dazwischen-Treten« etwas Positives für die Organisation erreicht wird. Und nicht nur das, es gibt auch die unausgesprochene Idee, dass die gute oder richtige Intervention etwas Planbares, Voraussehbares bewirkt. Doch schon vor 20 Jahren hat uns der Systemiker Helmut Willke (1996, S. 205f.) diesen Zahn gezogen, wenn er schreibt, dass Organisationen »in der Regel unerwartet, konter-intuitiv, nicht vorhersehbar und nicht determinierbar« reagieren und damit »den Intervenierenden vor die schwierige Frage der adäquaten Strategie der Beeinflussung eines eigendynamischen Systems« stellen. Nichtsdestotrotz müssen Berater Kenntnisse über das Wesen und die Prozesse der Organisation besitzen, um nicht in die Rolle von heimlichen Ersatzmanagern zu rutschen. So plädiert Willke dafür, dass »eine systemisch orientierte Beratung die übliche Trennung zwischen inhaltlicher Beratung und Prozessberatung [...] überwinden muss, wenn sie die in diese Trennung systematisch eingebauten Blindheiten für die andere Seite überwinden will«. Ferner begründet er die Berechtigung, als Berater in eine Organisation einzudringen, damit,

> »dass sie etwas anderes sehen (beobachten) als die Organisation und ihre Verantwortlichen. [...] Beratende Intervention ist der Versuch, die Differenzen und Divergenzen der Sichtweisen und Weltsichten produktiv zu nutzen, um mehr über sich selbst, die eigenen Schwächen und Stärken zu erfahren, um so mit Möglichkeiten (möglichen Welten, möglichen Identitäten, möglichen Strategien) zu spielen, auch wenn das Spiel sehr ernst ist und es um einen hohen Einsatz geht« (ebd.).

Das Patchworkmodell der OrganisationsMediation

Ich habe am Anfang des Buches schon darauf hingewiesen, dass Mediation immer aufgrund eines Drucks zustande kommt. In diesem Sinne ist *OrganisationsMediation in fast allen Fällen eine Krisenintervention.*

Diese Krisen lassen sich nicht nur auf der Arbeitsebene verorten, sondern auch innerhalb anderer arbeitsbezogener Beratungsverfahren, und zwar vornehmlich in der Teamberatung und bei Projekten der Organisationsentwicklung, wenn hier die Prozessarbeit durch Konflikte behindert wird. Meine Empfehlung in solchen Fällen lautet, den Beratungsprozess für eine Mediationssequenz zu unterbrechen, denn die Arbeit an Konzepten und Strukturen setzt voraus, dass die Beteiligten nicht durch Konflikte blockiert sind. Und hier erweist sich die OrganisationsMediation aufgrund ihrer klaren Struktur als ein ideales Verfahren, um die Arbeitsfähigkeit der Beteiligten schnell und effektiv wiederherzustellen. Danach kann konstruktiv im bisherigen Programm fortgefahren werden. In meinen Ausbildungen stelle ich fest, dass Patchworkmediation sogar einen Großteil des Mediationseinsatzes ausmacht. Das werde ich im Folgenden mit Beispielen unterfüttern.

Teamberatung und Mediation

Zur Verbindung von Teamberatung und Mediation habe ich gute Erfahrungen in zweierlei Settings: zum einen Mediation in den Teamberatungsprozess zu integrieren und zum anderen im Parallelprozess mit dem Team und der Teamleiterin und ihrem Geschäftsführer zu arbeiten. Beide Settings werde ich anhand von Beispielen illustrieren.

Das folgende Beispiel zeigt einen Teamberatungsprozess, in dem Mediation innerhalb eines Prozesses stattfand (vgl. Obermeyer & Pühl 2015, S. 135ff.).

Es geht in diesem Beispiel um die Beratung eines Leitungsteams eines familiengeführten Handelsunternehmens in zweiter Generation. In diesem »Team« kooperiert der Geschäftsführer und alleinige Inhaber des Unternehmens in wöchentlichen Treffen mit den Leitern der sieben Verkaufsfilialen, um Fragen der operativen Unternehmensleitung und Strategie zu beraten. Thema der Beratungen sind vor allem Fragen der Rollenklärung der Filialleiter im Spannungsfeld zwischen deren Partialverantwortung für ihre jeweiligen Filialen und der Gesamtverantwortung für das Unternehmen, die auch durch ihre Zugehörigkeit zum »Leitungsteam« symbolisiert ist. Im Laufe der Zeit entfaltet sich eine zunehmend konflikthafte Spannung zwischen einem der Filialleiter und dem Geschäftsführer. In der Beratung wird der Mediator von den anderen Filialleitern auf dieses Phänomen angesprochen. Die Arbeitsfähigkeit des Leitungsteams sei beeinträchtigt. Sobald man den Mund aufmache, werde einem unterstellt, parteiisch zu sein und die eine oder die andere der Konfliktparteien in die Pfanne hauen zu wollen. Mein Vorschlag, diesen Konflikt in einer Reihe von Mediationssitzungen mit dem Geschäftsführer und dem mit ihm so deutlich im Konflikt stehenden Filialleiter zu untersuchen und aus dem Teamcoaching vorübergehend auszukoppeln, wird erleichtert aufgenommen. In den dann folgenden fünf Mediationssitzungen geht es um eine Konfliktdynamik, die um überzogene Erwartungen und deren naturgemäß schmerzliche Enttäuschung kreist. Der im Konflikt stehende Filialleiter sei vor zwei Jahren als vorerst letzter Neuzugang zum Team gestoßen. Der Geschäftsführer habe ihn wegen spezifischer Qualifikationen hinsichtlich einer bestimmten Produktlinie ausgewählt und große Hoffnungen hinsichtlich seines innovativen Potenzials mit ihm verbunden. Es sei davon die Rede gewesen, dass er die »Rettung der Zukunft des Unternehmens« mit ihm verbinde. Tatsächlich seien die beiden zunächst ein »echtes Dreamteam« gewesen. Der Geschäftsführer habe die Zusammenarbeit als »eine Lust« erlebt und der Filialleiter habe sich nie zuvor durch einen Arbeitgeber so »bedingungslos wertgeschätzt« gefühlt. In den Mediationssitzungen besprechen und betrauern die beiden den schmerzlichen Prozess der

Ernüchterung, der sich im weiteren Verlauf eingestellt habe und vereinbaren so etwas wie eine Geschäftsordnung für den zukünftigen Umgang mit den inzwischen überreichlich vorhandenen inhaltlichen Konfliktlinien. Es wird verhandelt und vereinbart, welche Aspekte der Mediation in das Leitungsteam rückgekoppelt werden sollen.

Nach der Wiederaufnahme des Teamcoachings regen die beiden vorgängigen Mediationsklienten im Leitungsteam an, über das Verhältnis von persönlichen Beziehungen, Gesamtverantwortung und Einzelverantwortung der Teammitglieder nachzudenken. Dies auch deshalb, weil die individuelle Letztverantwortung des Geschäftsführers und die unklare und zum Teil als überfordernd erlebte Verantwortung des Filialleiters in der Mediation eine wichtige Rolle gespielt haben. Dies lieferte einen fruchtbaren Anstoß für einen Prozess der Differenzierung der Strukturen in der Organisation. Die Filialleiter wurden mehr in ihrer spezifischen Verantwortung für die Filialen und der Geschäftsführer mehr in seiner in der Konsequenz einsam zu tragenden Verantwortung für das Ganze gesehen. Vielleicht kann man von einer Relativierung von Verstrickung sprechen. In der Konsequenz wurde die Frequenz der Sitzungen des Leitungsteams (jetzt Koordinierungsteam genannt) von wöchentlich auf einmal monatlich ausgeweitet. Wenige Monate später kam es – vielleicht nicht ganz zufällig – zur Gründung eines Betriebsrats im Unternehmen. Kurz gesprochen: Der zwischen zwei Personen eskalierte Konflikt erzählte viel über die aktuelle Entwicklungsphase des Unternehmens und konnte einen fruchtbaren Impuls für die Organisationsentwicklung liefern.

Bei der Kombination von Teamsupervision und Mediation in Untergruppen stellt die Frage, wie der Mediationsprozess wieder in die Teamberatung eingespeist werden kann, eine zentrale handwerkliche Herausforderung dar und sollte schon beim Kontraktieren der Mediationssequenz im Team besprochen werden. Es geht einerseits darum, Diskretionsgrenzen sicher zu stellen. Andererseits sollte nach Wegen gesucht werden, die günstigenfalls in der Mediation freigesetzte Energie für den Teamprozess zu nutzen.

Dabei hilft ein Verständnis von OrganisationsMediation, das die zugrundeliegenden Konflikte nicht vorrangig als psychologische Beziehungsphänomene versteht. Eskalierende Konflikte in Teams interessieren in ihrem Bezug zur geschichtlichen Entwicklung, zur Kultur, Struktur und zur wirtschaftlichen Situation der Organisation. In dieser Lesart können zwischen Einzelnen ausgetragene und bewältigte Konflikte auch immer als Leistung im Interesse der Organisation verstanden und kommuniziert werden (s. Abb. 3). Die Kombination von Mediation und Teamberatung kann helfen, derartige Schätze zu bergen.

In einigen Fällen habe ich gute Erfahrungen damit gemacht, einzelne Mediationssequenzen in der Öffentlichkeit des Teams – also direkt im Teamkontext – durchzuführen. Ich setze mich dann an den Rand des Teams mit den Vertretern der jeweiligen Konfliktparteien und arbeite für eine Weile nur in diesem Subsystem, während der Rest des Teams schweigt, wie im Beispiel der Ergotherapeutin und der Ärztin. Das Problem der Rückkoppelung erledigt sich dann von selbst. Bei sehr eskalierten Konflikten zwischen einzelnen Teammitgliedern mit hoher emotionaler Beteiligung empfiehlt sich allerdings die Abkoppelung des Settings, wie im vorigen Beispiel, um einen abgegrenzten Rahmen für die Medianten zu bieten und die restlichen Teammitglieder nicht über Gebühr mit der Anstrengung und den emotionalen Kosten des Konflikts zu belasten.

Selbst die Teilnahme der Geschäftsführung im Kreis der anwesenden Mitarbeiter muss kein Hinderungsgrund für die Mediation mit zwei Kollegen sein. In einem Fall handelte es sich um eine relativ kleine Organisation, bestehend aus den etwa zehn Mitarbeiterinnen und Mitarbeitern und den beiden Leitern. Der Konflikt zwischen zwei Männern gärte schon zwei Jahre; Teamsupervision und ebenso Klärungsversuche der Leitung blieben erfolglos. Die beiden Konfliktpartner wurden fachlich geschätzt, deshalb erfolgten von der Führungsebene bisher keine Sanktionen. In einer externen Mediation wurde eine

Chance zur Verbesserung der Lage gesehen. Da sowieso alle Mitglieder der Organisation mehr oder weniger in die Konfliktdynamik einbezogen waren, schien es mir ratsam, auch die anderen Mitglieder nicht auszuschließen. In zweimal zwei Stunden konnte der Konflikt zwischen den beiden Männern soweit beigelegt werden, dass beide ihre gegenseitigen Kränkungen äußern und im beiderseitigen Rückzug eine Gemeinsamkeit entdecken konnten. Für die anwesenden Kollegen und die Leitung entspannte sich die Situation, weil sie sozusagen einen Blick hinter die Konfliktdynamik werfen und sich gleichzeitig davon abgrenzen konnten. Auch fühlten sich die Kolleginnen und Kollegen aus den Loyalitätsbindungen befreit, für oder gegen den einen oder den anderen Stellung beziehen zu müssen.

Teamsupervision und Konfliktcoaching parallel

Das folgende Beispiel zeigt, wie sinnvoll parallele Beratungsprozesse sein können, in diesem Falle die parallele Anwendung einer Teamsupervision und eines Konfliktcoachings (Mediation) mit dem Geschäftsführer und der Leiterin des Teams.

In der Supervision eines psychosozialen Teams bestand ein fortwährender Konflikt zwischen dem Geschäftsführer und der Teamleiterin, der auf das ganze Team übergriff. Im jährlichen Auswertungsgespräch mit dem Geschäftsführer, der Teamleiterin und mir als Supervisor kam der Unmut des Leiters sehr deutlich zur Sprache. Er fühlte sich von Informationen abgeschnitten und nicht ausreichend unterstützt. Die Teamleiterin ihrerseits fühlte sich in ihrer Rolle nicht ernstgenommen und ständig kritisiert. Spürbar war die gereizte Stimmung, das gegenseitige Misstrauen und die dadurch belastete Arbeitsbeziehung. Ich schlug den beiden ein Konfliktcoaching vor, das sie dankend annahmen. Wir führten parallel zur Teamsupervision, an der die Leiterin weiterhin teilnahm, drei Sitzungen durch, um die Arbeitsbeziehung zu klären. Das Team begrüßte diese Konstruktion sehr dankbar, da alle schnell merkten, dass ihre Leitern spürbar entlastet war und sie sich klarer gegenüber dem Geschäftsführer behaupten konnte. Der Geschäftsführer seinerseits »funkte« nicht mehr ständig direkt ins Team hinein, sondern besprach die anliegenden Dinge direkt mit der Leiterin. Unterm Strich haben alle Beteiligten durch diese Klärung ihre Rollen kompetenter ausfüllen und gestalten können.

Mediation und Organisationsentwicklung

Ein kleiner Bildungsträger wünschte eine Organisationsentwicklung, um die bisherigen Leitungsstrukturen neu zu ordnen. Der Träger war als Verein mit einem geschäftsführenden Vorstand und einer Bereichsleiterin für die fünf Pädagogenteams aufgestellt. Schon im Erstkontakt war nicht zu übersehen, dass der Vorstand sehr unterschiedliche Vorstellungen von dem Veränderungsprozess hatte. Die Spannungen waren massiv und wurden deutlich auf einer persönlichen Ebene ausgetragen. Um überhaupt das Vorgehen zu klären, schlug ich vorab eine Mediation vor, damit auf der Arbeitsebene interagiert werden konnte. Der Vorschlag wurde von allen dankbar angenommen, weil die Beteiligten unter der schlechten Stimmung litten und ihre Handlungsunfähigkeit spürten. Die Mediation dauerte dann vier Sitzungen à drei Stunden, dabei spielten persönliche Verletzungen und abgebrochene Freundschaften eine herausragende Rolle.

Nach dieser Klärungsphase war die angestrebte Organisationsentwicklung möglich und in relativ kurzer Zeit konnten umsetzungsfähige Ergebnisse realisiert werden. Da der Verein in den letzten Jahren enorm gewachsen war, wurde für die pädagogische Bereichsleiterin eine erfahrene Kollegin für den Bereich Finanzen und Personal gesucht und auch gefunden.

Sowohl für die Organisationsentwicklung als auch für die Teamberatung gilt also: In manchen Fällen ist es ratsam, mit einer Mediation zu starten, wenn sich bereits im Erstkontakt abzeichnet, dass ein massiver Konflikt der Anlass der Anfrage ist.

Weitere Beispiele und Überlegungen dazu finden sich bei Kerntke (2004) in dem Buch mit dem missverständlichen Titel »Mediation als Organisationsentwicklung«.

Abweichung vom Standardverfahren

Das Standardverfahren mit seinen fünf Phasen gibt der Mediation einen klaren Bezugsrahmen und dem Mediator und den Konfliktparteien eine klare Orientierung, denn Strukturen binden Angst (Pühl 2017). Nun zeigt meine Erfahrungen in der OrganisationsMediation, dass Abweichungen vom Phasenmodell in vielen Fällen unausweichlich, ja für den Klärungsprozess außerordentlich hilfreich sind (s. dazu auch den Fall im Abschnitt »Zwiebelschalenkonzept«). Im Übrigen wird in der Community dieses Thema dahin gehend diskutiert, ob das Phasenmodell die Praxis wirklich abbildet (Montada 2009).

Bevor ich das mit Beispielen vertiefe, möchte ich sagen, dass für mich als Haltung und Orientierung dennoch zwei Phasen von großer Bedeutung sind, die ich als *Herzstück der Mediation* (s. Kapitel III) bezeichnet habe. Auch in den Abweichungen kommen sie als Kommunikationshaltung zum Tragen:

- die *Konfliktdarstellung*, weil sie im Sinne der Deeskalation wirksam ist
- die *Konflikterhellung*, weil in aller Regel eine Konfliktlösung nur möglich ist, wenn wir – bildlich gesprochen – in den Eisberg eintauchen, das heißt auch in organisationellen Konflikten die Gefühle, Bedürfnisse und Interessen angemessen offenlegen, oft in Interdependenz zu den strukturellen Gegebenheiten

Die *Phase 4: Findung von Optionen* erübrigt sich – wie gesagt – nach meinen Erfahrungen häufig, weil im Prozess der fortschreitenden Konflikterhellung und damit im entstandenen Kontakt zwischen den Beteiligten Lösungen selbstständig generiert werden können.

Als Indikator für eine gelungene Konfliktklärung hat sich für mich die *Verhandlungskompetenz* als ein verlässlicher Gradmesser dafür erwiesen, dass die Konfliktparteien wieder im Kontakt sind und ihre Anliegen selbstverantwortlich regeln können.

Ich habe mehrmals erlebt, dass in einer OrganisationsMediation direkt von der *Phase 2: Konfliktdarstellung* zur *Vereinbarung* gesprungen werden konnte.

In einem Fall handelte es sich um eine Kindertagesstätte in einer kleineren Gemeinde. Ein Elternpaar war mit der Unterbringung seiner beiden Kinder in hohem Maße unzufrieden und fühlte sich weder von den Erzieherinnen noch von der Leiterin verstanden, sodass die Einrichtung mit einer Konfliktvermittlung durch den Pfarrer reagierte. Da dieser Vermittlungsversuch scheiterte, wurde der Bürgermeister der kleinen Gemeinde als Konfliktvermittler herangezogen, ebenfalls ohne Erfolg. Daraufhin schrieben die Eltern einen Beschwerdebrief an das Jugendamt. Dieses sah keine gravierenden Gründe für eine Intervention und schlug eine Mediation vor. Der Konflikt hatte längst die Grenzen der Kita überschritten und wurde zum Thema in der kleinen Gemeinde.

Nach Glasl (1997) handelt es sich hierbei um einen *Meso-Konflikt,* weil der Konflikt bereits über die Gruppe der Beteiligten hinausgeht und weitere Instanzen einbezogen sind. In diesem Falle waren es der Bürgermeister, der Pfarrer und das Jugendamt, es könnten aber auch das Gericht, Anwälte oder die Presse sein. Zurück zum Fall:

Als ersten Schritt schlug ich Gespräche mit den beteiligten Konfliktparteien innerhalb der Kita vor. Zuerst fand das Gespräch mit der Kitaleiterin, dann mit den jeweiligen Erzieherinnen der beiden Gruppen statt, in denen die Kinder betreut wurden, und am Schluss erst mit den Eltern, da diese noch arbeiten mussten. Nach diesen Gesprächen hatte ich viele Geschichten gehört, ohne mir den Stress anzutun, mir ein Bild vom Konflikt zu machen. Im Anschluss an diese Vorgespräche, die gleichzeitig den Charakter einer Konfliktdarstellung hatten, fand ein gemeinsames Gespräch mit allen Beteiligten statt. Im Gegensatz zu den aufgeheizten Vorgesprächen war die Atmosphäre jetzt gespannt-ruhig. Die Eltern äußerten, dass sie froh wären endlich mal gehört zu werden und sich verstanden zu fühlen. Die Erzieherinnen der beiden Kindergruppen äußerten Verständnis für die Sorge der Eltern und sicherten zu, ihre Kinder genauso wie die anderen Kinder zu behandeln. Dies schien der Ausgangspunkt für den Konflikt gewesen zu sein, dass die Eltern den Eindruck hatten, dass ihren Kindern eine Außenseiterposition zugewiesen wurde. Innerhalb einer halben Stunde konnte – auch zu meiner Überraschung – eine schriftliche Vereinbarung getroffen werden. In den telefonischen Bilanzgesprächen mit den Beteiligten nach zwei Monaten bestätigten alle, dass die Vereinbarung eingehalten und der Konflikt beigelegt wurde.

Ein anderer Fall handelt von einem hocheskalierten Konflikt in einer Einrichtung der Jugendhilfe:

Der Geschäftsführer rief mich auf Empfehlung einer Kollegin an und bat um eine Mediation für das Team an einem seiner Standorte. Die Situation schilderte er als hochdramatisch. Das Betriebsklima sei ausgesprochen schlecht, Klagen wurden von allen Seiten geäußert. Er wusste sich keinen Rat mehr und bat mich, alles zu unternehmen, um die Situation zu verbessern. Sollte das nicht gelingen, würde man überlegen, diesen Standort aufzugeben. Ich hätte freie Hand in meinem Vorgehen, alle bisherigen Versuche mit Coaching und internen Konfliktgesprächen hätten nicht zu einer Entspannung geführt. Die Mediation sei seine letzte Hoffnung.

Als Mediator bekommt man einen solchen Freifahrtschein nicht alle Tage, was meine Motivation in besonderer Weise förderte, gleichzeitig aber auch zu einer großen Beruhigung führte, da die Situation nur besser werden konnte. Da das Büro weit von meinem Wohnort entfernt lag, vereinbarte ich mehrere ganze Tage im Wochenabstand. Beim ersten Termin führte ich mehrere Einzelgespräche, um mir ein erstes Bild zu machen, in der Hoffnung, dass sich Konfliktlinien abzeichnen.

- *Das erste Gespräch fand mit dem Geschäftsführer als direktem Auftraggeber statt. Er erzählte von seinen zahllosen Versuchen, die Konflikte zu verstehen, ohne sich jedoch ein klares Bild machen zu können. Immer wieder gab es Beschwerden. Versetzungen und Abmahnungen hätten die Situation eher noch verschärft.*
- *Das nächste Einzelgespräch führte ich mit dem Vorsitzenden des Gesamtbetriebsrates. Er bekam unzählige Beschwerden von den Kolleginnen, zum Teil auch in anonymisierter Form, und wusste nicht mehr, wie er hilfreich vermitteln konnte. Wir vereinbarten – in Abstimmung mit dem Geschäftsführer –, dass alle Eingaben während des Mediationsprozesses zwar entgegengenommen, aber nicht bearbeitet werden. Die Mitarbeiterinnen wurden darüber informiert, ebenso wie über den Mediationsprozess.*

Auch die weiteren Einzelgespräche mit dem Einrichtungsleiter und den einzelnen Teamleiterinnen führten nicht zu dem von mir beabsichtigten Ergebnis, dass sich konkrete Konfliktthemen abzeichneten. Nichtsdestotrotz wurden zahlreiche Konflikte benannt, ohne dass diese sich zu einem konkreten Bild formten. Eine Situation, wie ich sie noch nie erlebt habe. So führte ich auch in den folgenden Tagen zahlreiche Gespräche mit einzelnen Personen und innerhalb der Funktionsgruppen, zum Beispiel mit allen Teamleiterinnen sowie mit dem Geschäftsführer und dem Einrichtungsleiter, auch mit allen Mitgliedern eines Teams, das sich besonders über eine Kollegin geärgert hatte, weil diese die Mitarbeit verweigerte und sich in ein anderes Team versetzen ließ.

Das Ergebnis nach vier Tagen war dennoch nicht so niederschmetternd, wie es scheinen könnte. Zusammen mit dem Geschäftsführer, dem Betriebsratsvorsitzenden und dem Büroleiter wurden folgende Vereinbarungen getroffen: Die Teamleiterinnen erhalten eine zweitägige Fortbildung zum Thema »Konfliktmanagement«, um ihre Kommunikationskompetenz zu verbessern, danach erhalten alle Mitarbeiterinnen und Mitarbeiter der verschiedenen Teams Supervision, um in diesem Rahmen ihre Anliegen und Klagen äußern und bearbeiten zu können, und der Büroleiter klärt im Coaching seine Führungsrolle.

Dies ist zwar keine klassische Vereinbarung – und auch keine »richtige« Mediation, denn es blieb im Grunde bei der Vorphase. Aber durch meine Einzel- und Gruppengespräche mit allen Verantwortlichen war es gelungen, wieder Kommunikationsverbindungen zwischen den Mitarbeiterinnen und Mitarbeitern am Standort zu knüpfen. Die Rückfrage nach einem halben Jahr brachte das Ergebnis, dass die Vereinbarungen umgesetzt werden konnten, der Krankenstand wieder auf Normalmaß gesunken sei und strukturelle Veränderungen vorgenommen wurden, zum Beispiel durch die Einstellung eines stellvertretenden Büroleiters. Ich bin trotz zwischenzeitlicher Zweifel mit dem Resultat zufrieden, ist das Ziel jeder Mediation doch, Kommunikation wieder zu ermöglichen, damit die Beteiligten in die Lage versetzt werden, selbstbestimmt zu verhandeln. Und das ist hier gelungen.

Ich vermute, es ist deshalb gelungen, weil es einen relativ geschützten Ort gab, an dem jeder mit seiner Unzufriedenheit gehört wurde. Dieses Sich-verstanden-Fühlen – wie in Kapitel III als Konfliktdarstellung beschrieben – zeigt allein dadurch eine überragend deeskalierende Wirkung, weil jemand bemüht ist, die individuelle Konfliktperspektive zu verstehen, oder sagen wir lieber: vorbehaltlos zu hören ohne zu werten. Allein das Verstehen, das Finden eines »offenen Ohrs«, führte zu einer Entspannung und einem Sich-verstanden-Fühlen. Ehrlicherweise muss ich hinzufügen, dass ich die Konfliktdynamik letztlich nicht verstanden habe; sie war zu diffus, zu komplex und letztlich in vielerlei Hinsicht unverständlich. Trotz alledem hat die Ernsthaftigkeit des Verstehen-Wollens und des

Respektierens der je individuellen Perspektiven so viel Beruhigung bei den Beteiligten generiert, dass sogar eine Vereinbarung getroffen werden konnte, die von allen angenommen und umgesetzt wurde.

Dies war keine Vereinbarung im klassischen Sinne und auch das Verfahren weicht deutlich vom 5-Phasen-Modell ab. Dennoch ist ein solches Vorgehen nicht untypisch für OrganisationsMediation, die immer nach kreativen Wegen sucht, um anschlussfähig zu sein. Durch meine Einzel- und Gruppengespräche mit allen Verantwortlichen war es gelungen, wieder Kommunikationsverbindungen in der Einrichtung zu knüpfen. Kommunikationslöcher konnten gestopft werden, sodass weitergehende Strukturveränderungen eingeleitet werden konnten.

Das Beispiel zeigt, dass OrganisationsMediation nicht stur nach dem 5-Phasen-Modell abläuft (s. Kapitel II). Es hat mir ferner sehr deutlich gezeigt, dass Gespräche im geschützten Rahmen eine große und oft unterschätzte deeskalierende Wirkung haben. Die Beteiligten nutzten die Chance, ihre subjektive Perspektive ohne Zensur und Gegenmeinung zu berichten. Im Phasenmodell ist dies erst in der Stufe 2 »Konfliktdarstellung« (s. Kapitel III) vorgesehen, die sich dadurch auszeichnet, dass der Mediator versucht, die jeweiligen subjektiven Standpunkte ohne Bewertung aktiv zu verstehen. Oder, wie ich es nenne, dass er jeder Konfliktpartei sein offenes Ohr ohne Vorbehalte zur Verfügung stellt und versucht, den Konflikt so zu verstehen, wie er erlebt wird. In Analogie zu den beschriebenen Einzelvorgesprächen bietet der beschriebene Raum die Chance für einen vertrauensbildenden Kontakt. Und nicht zu vergessen: Hier kann auch mal »Luft abgelassen werden«, ohne negative Folgen befürchten zu müssen.

OrganisationsMediation und Paarberatung

Der Titel mag auf den ersten Blick verwundern. Ich habe zahlreiche Konflikte von Paaren mediiert, die zusammen ein kleines Unternehmen, eine Praxis oder eine Kanzlei führten. Der Konfliktanlass war immer, dass einer der Beteiligten die Liebesbeziehung beendet hat und manchmal auch schon neu gebunden war. In den meisten Fällen war es so, dass das Unternehmen für beide die Existenzgrundlage sicherte und von daher ein Ausstieg aus der Unternehmung nicht möglich schien. Also sollte der Versuch unternommen werden, trotz der persönlichen Dramen, weiterhin zusammenzuarbeiten. Kennzeichnend war für alle Fälle, dass die Kränkungen so umfassend und tief waren, dass einer der Partner darauf bestand, ausschließlich über die Sicherung des gemeinsamen Unternehmens zu sprechen. So war es nicht – oder nur sehr rudimentär – möglich, in die Konflikterhellung, das heißt in den Eisberg, einzutauchen und damit auch die entsprechenden Gefühle zu äußern. Aber ein interessenorientiertes Arbeiten, in diesen Fällen im Interesse des gemeinsamen Erhalts des Unternehmens, wurde durch die massiven Kränkungen immer wieder torpediert.

Besonders intensiv erinnere ich mich an einen Dienstleister der Baubranche. Das Ehepaar hatte zwei Kinder von zehn und zwölf Jahren und einen gut gehenden Betrieb mit vollem Auftragsvolumen. Der Ehemann hatte eine neue Beziehung angefangen und sich gerade eine eigene Wohnung gesucht, dennoch war er häufig in der alten Wohnung, um für die Kinder und die Ehefrau zu kochen.

Die beiden Noch-Eheleute kommen in die Mediation, da sich eine finanzielle Krise abzeichnet. Obwohl sie eine gute Auftragslage haben, steht infrage, ob sie zum Monatsende ihre vier Mitarbeiter bezahlen können. Das Fiasko hat nach Einschätzung der Ehefrau seinen Grund darin, dass ihr Mann die Rechnungen nicht pünktlich stellt und in manchen Fällen aus Freundlichkeit auch den üblichen Anrechnungssatz unterschreitet. Der Mann gibt das zu. In einer ersten Teilvereinbarung wird ein detaillierter Plan entworfen, wie der Weg aus der Krise gemeistert werden kann und wer dabei für welchen Teil die Verantwortung übernimmt. In der nächsten Sitzung, eine Woche später, stellt sich heraus, dass die Frau ihren Teil erledigt hat, der Mann seinen hingegen nur bedingt. Es reicht aber aus, um über die nächste Runde zu kommen.

Nun erweitert sich das Thema, denn der Mann hat eine Geliebte und ist aus dem gemeinsamen Haus ausgezogen. Ihm geht es gut, er besucht manchmal die beiden Kinder und kocht dann für alle. Ferner hat er eine Psychotherapie begonnen, um seine Situation bearbeiten zu können. Seiner Frau geht es von Sitzung zu Sitzung schlechter. Ihr Mann präsentiert sich eher als Gemütsmensch und empfiehlt seiner Frau, die Ruhe zu bewahren, wodurch sich ihre Anspannung dramatisch erhöht. Die weitere Arbeit an den Unternehmensthemen wird immer wieder durchbrochen von der intensiven Familien- und Kränkungsgeschichte.

Der Frau widme ich deshalb immer wieder Raum, damit ich ihre Sorgen um die Kinder, die zwischen den Eltern stehen, verstehen kann,. Der Mann bearbeitet seine Schuldgefühle in der Therapie. Seine Frau scheint das Beziehungsdrama als gegeben hinzunehmen und versucht, sich auf die Aufgaben in der gemeinsamen Firma zu fokussieren. Ihre Verletzungen anzusprechen ist tabuisiert.

Schließlich erlebe ich sie als hochgradig angespannt, sie klagt über Kreislaufprobleme, Schlafstörungen, Unkonzentriertheit und dergleichen. Ich möchte die weitere Mediation mit ihr nicht mehr verantworten und empfehle ihr ebenfalls eine Psychotherapie. Sie lehnt das vehement ab, da dann »der ganze Laden zusammenbricht«. Wir beenden die Mediation, die zudem durchgängig von massiven gegenseitigen Kränkungen, Entwertungen und Nicht-zuhören-Können gekennzeichnet war. Alle Versuche meinerseits, einen Platz neben den Medianten zu bekommen, liefen ins Leere.

Als Familientherapeut gehe ich davon aus, dass sich Paare auf einer tieferen Ebene nie einseitig trennen. Auch wenn ein Partner die Entscheidung trifft, die Beziehung zu beenden, hat der andere Partner diese Entscheidung auf seine Art vorher auch schon agiert, das heißt sich nicht aktiv in und für die Beziehung eingesetzt, sondern vieles geschehen lassen, sich eingerichtet oder Dissonanzen ausgesessen.

Irgendwann führt die beidseitige Konfliktvermeidung zu einem Punkt, an dem es so nicht weitergeht und ein Partner ausbricht. In der Mediation wird dem Aussteiger regelmäßig die Schuldkarte zugespielt, während der andere Partner sich in die Opferhaltung zurückzieht. Diese Dynamik ist das Grundmuster vieler Konflikte, in gescheiterten Liebesbeziehungen aber von besonderer Tiefe und Moralhaftung (vgl. Kapitel I, hier wird das »Drama-Dreieck« beschrieben mit den Rollen Opfer, Verfolger und Retter).

Diese Verwicklungsdynamiken finden wir häufig auch in der Nachfolge bei Familienunternehmen (vgl. Sarholz & Lorz 2015), auch hier kann ein ganzes Set an Interventionsverfahren zum Zuge kommen, neben der Mediation Familientherapie, Steuerberatung und sogar Coaching. Anita von Hertel (2004) schildert, wie in der Mediation eines Familienunternehmens der Gründungsvater ein Coaching erhielt. Hier wurde der Mediationsprozess mit Zustimmung aller unterbrochen, um dem Gründer die Chance zu geben, neue Perspektiven für sich zu entwickeln, um besser loslassen zu können. Danach wurde die Mediation fortgesetzt und erfolgreich mit einer Vereinbarung abgeschlossen. Dies lässt sich dahin gehend verallgemeinern, dass ein Coaching – vielleicht sogar im Rahmen der vorher vereinbarten optionalen Einzelgespräche – in besonders verhärteten Konflikten sinnvoll sein kann. Ich selbst habe damit bisher keine Erfahrungen gemacht.

Fazit

Wie das Zusammenspiel struktureller und persönlicher Anteile wirkt, zeigt sich in den Beispielen. Grundsätzlich sehe ich Konflikte in Arbeitskontexten immer durch die Organisationsdynamik befördert, dennoch stellt sich immer wieder die Frage nach dem konfliktdynamischen Verhältnis individueller Persönlichkeitsanteile und Organisationsdynamik. Es reicht sicherlich nicht aus, alle Konflikte einseitig durch die Organisationsbrille zu sehen. Etwas anderes ist es, sie aus dieser Perspektive zu bearbeiten, da wir für den persönlichen Anteil keinen Auftrag haben. Dennoch haben die persönlichen Anteile Wirkkraft, die den Organisationsblick eintrüben können (s. Abb. 8).

Kapitel V

Internes Konfliktmanagement

Um in einer Organisation eine sinnvolle Konfliktkultur zu etablieren, ist ein Systematisches Konfliktmanagement sinnvoll.

Systematisches Konfliktmanagement

Durch das Zusammenwirken verschiedener Maßnahmen sichert es eine Kultur, in der Konflikte nicht als Unfall gesehen werden, sondern als Herausforderung für Entwicklung und Veränderung. Diese Bündelung von Maßnahmen nennen wir Systematisches Konfliktmanagement. Dazu können gehören:

- *Zentrale Konfliktanlaufstellen* (zum Beispiel Personalabteilung, Betriebs- beziehungsweise Personalrat, Ombudsstelle, Mobbing-Beauftragte, Gleichstellungsbeauftragte): Je nach Konfliktverständnis können diese Positionsinhaber ihren Auftrag parteilich oder im Sinne von Deeskalation mediativ gestalten. Voraussetzung dafür ist, dass sie in Mediation fortgebildet sind.
- *Interner Mediatorenpool* (Konfliktlotsen): In der Organisation eine breit akzeptierte und in Anspruch genommene Konfliktkultur via Mediation zu implementieren, ist ein meist steiniger und langer Weg. Oft ergreifen die Personalabteilungen die Initiative, denn bei ihnen laufen die Fäden der Unzufriedenen zusammen: Vom Mitarbeiter, der zuerst in der

Krankheit eine Konfliktlösung sieht bis zum Vorgesetzten, der die Versetzung oder gar Kündigung eines Mitarbeiters als Ausweg aus dem Konflikt ins Auge fasst. Die Mitarbeiter der Personalabteilungen sind es deshalb, die – prädestiniert durch ihre speziellen Fort- und Weiterbildungen – nach alternativen Lösungen suchen. Sie kennen die Besonderheiten ihrer Mitarbeiter und lassen sich nicht vorschnell auf die oft angebotene Täter-Opfer-Variante ein. Wenn es ihnen gelingt, zur obersten Führungsebene und zur Mitarbeitervertretung ein vertrauensvolles Verhältnis aufzubauen und Überzeugungsarbeit für ein internes Konfliktmanagement zu leisten, kann dieses im Laufe der Zeit Früchte tragen. Hier muss man also beharrlich am Ball bleiben, schnelle Erfolge sind nicht zu erwarten. Im Grunde hat diese Vermittlungsarbeit bereits mediative Aspekte, geht es doch darum, scheinbar widerstrebende Interessen (Arbeitgeber vs. Arbeitsnehmer) zu balancieren.

Ein erweitertes Konfliktmanagementsystem (KMS) setzt sich aus drei Komponenten zusammen:

1. Interne Mediatoren als Konfliktlotsen (fortgebildete Mitarbeiter, die für diese Tätigkeit bei Bedarf mit einem Stundenanteil freigestellt werden)
2. ein verbindliches Verfahren zur Konfliktlösung
3. das Hinzuziehen externer Mediatoren in Abstimmung mit den internen Beratern

Jede Organisation hat ihre eigene Kultur und Geschichte und im Falle eines Konflikts (beziehungsweise wenn der Wunsch entsteht, ein KMS zu implementieren) eine ganz spezifische Herausforderung zu meistern. Programme von der Stange sind da absolut kontraproduktiv. Vielmehr geht es darum, dass Auftraggeber und OrganisationsMediator gemeinsam mit den verantwortlich Beteiligten nach einer organisationsspezifischen Lösung suchen. Jedes

Vorgehen ist einmalig und muss auf die spezifischen Anforderungen und Möglichkeiten der Organisation zugeschnitten sein.

Von daher ist eine solch komplexe Implementierung immer prozesshaft. Ständiges verantwortungsvolles Nachkontraktieren ist das oberste Gebot, wenn der Prozess gelingen und im Falle des Scheiterns keine verbrannte Erde hinterlassen soll.

Der Auftraggeber gibt den Rahmen vor und definiert, welche Veränderung die Mediation im Organisationsablauf bewirken soll. Dabei ist der externe OrganisationsMediator keinesfalls nur der bereitwillig Ausführende. Eine Spaltung in Täter und Opfer würde der Sache schaden. Beide verhandeln auf Augenhöhe und wägen die Möglichkeiten, Chancen und Voraussetzungen aus ihrer je spezifischen Perspektive und Expertise ab. Auftraggeber und externer Mediator sind Experten ihres Faches, und beide kreieren ein erstes zartes Beratungssystem (s. Abb. 5).

Ich habe sehr gute Erfahrungen gemacht, diesen Prozess evolutionär anzugehen, indem ich in Organisationen zahlreiche Mitarbeiterinnen und Mitarbeiter über mehrere Tage im Mediationsverfahren fortgebildet habe. So hat sich in der Organisation der Mediationsgedanke sukzessive ausgebreitet. Die mit den Fortbildungen verbundene Botschaft in die Organisation könnte lauten: »Konflikte sind Herausforderungen, die man lösen kann.« Dieser Paradigmenwechsel führte nach einer Reihe von Fortbildungen in mehreren Fällen dazu, dass die für die Qualifizierung zuständige Personalabteilung mit der obersten Leitung ins Gespräch gehen konnte, um Strategien der Etablierung zu eruieren. Es stellte sich die Frage, wie das Potenzial qualifizierter Kolleginnen und Kollegen weiterhin für das Unternehmen hilfreich sein kann. Das *Konfliktlotsenmodell* war dann meistens die präferierte Variante. Um solche organisationellen Veränderungsprozesse quasi von unten anzustoßen, muss es in der Organisation, bevorzugt im Personalwesen, mindestens einen engagierten Mitarbeiter – einen »Treiber« – geben, der in der Organisation gut vernetzt ist und über ein entsprechendes Ansehen verfügt. Dazu gehört auch, dass er zur obersten Führungsebene einen guten Draht hat, um sich dort das nötige Gehör zu verschaffen. Ein anderer Draht muss zum Personal- beziehungsweise Betriebsrat führen, damit der mit ins Boot genommen werden kann, um das ganze Verfahren in einer Betriebsvereinbarung abzusichern und damit zu implementieren. Es kommt vor, dass die Mitarbeitervertretung zuerst mit Skepsis reagiert, weil sie Personalkonflikte zu ihrem Betätigungsfeld zählt und befürchtet, dass ihnen durch das Konfliktlotsenmodell Kompetenzbereiche beschnitten werden könnten.

Sind die Personalabteilung und/oder die Mitarbeitervertretung offen für Veränderungsprozesse, können sie zu den stärksten Treibern bei der Institutionalisierung eines Mediationssystems werden, da bei ihnen die meisten Konfliktfälle auflaufen. Hier besteht der größte Handlungsdruck, strukturierte Wege zur Unterstützung im Umgang mit Konflikten zu finden. Von hier geht in der Regel die Initiative aus, sich mit Mediationsverfahren zu beschäftigen, vielfach haben Mitarbeiter sich selbst in Mediation ausgebildet oder initiieren für die Belegschaft Seminare in Konfliktlösung.[14]

Die Frage, wie die oben genannten potenziellen Konfliktanlaufstellen kooperieren und sich zum Verfahren überhaupt positionieren, bleibt offen. Hier stehen nämlich vermeintliche Privilegien zur Disposition: Wer gibt etwas ab, wer gewinnt etwas dazu, wo ist unser Platz im neuen Gefüge? Das sind Themen, die das Kompetenzego ins Wallen bringen können. Um hier dennoch zu konstruktiven Vereinbarungen zu kommen, empfehle ich einen *runden Tisch*, um in diesem Gremium mit allen Konfliktanlaufstellen abstimmen zu können, wie sie am Verfahren beteiligt werden können und wie für alle ein Zugewinn generiert werden kann. Die Koordination einer solchen Runde kann zum Beispiel bei der Personalabteilung angesiedelt sein.

---

14 Faller (2014b, S. 64ff.) siedelt die *›Internen Konfliktmanagementsysteme‹* entsprechend ihrer Komplexität auf drei Hierarchieebenen an. Wenn es auf der Ebene des mittleren Managements strukturell verankert ist und durch die Personalabteilung und den Betriebs- beziehungsweise Personalrat getragen wird, spricht er vom Mediationssystem.

Kommen wir nochmal auf das bewährte *Konfliktlotsenmodell* zurück und schauen, wie es in der Praxis wirksam werden kann. Konfliktlotsen sollten möglichst nahe an den Mitarbeitern verortet sein, sodass die Schwelle zur Kontaktaufnahme gering ist. Gehen wir einmal von der Mehrzahl der Fälle aus und nehmen an, dass es sich um zwei Kolleginnen oder Kollegen handelt, die sich an einen der Konfliktlotsen wenden beziehungsweise durch eine der oben genannten Anlaufstellen einem Konfliktlotsen empfohlen werden.

Dann führt der Konfliktlotse mit beiden Betroffenen zuerst getrennte Vorgespräche, um abzuklären,

- worum es bei dem Konflikt geht
- seit wann die Kollegin im Unternehmen beschäftigt ist
- mit wem der Konflikt besteht und ob es noch weitere involvierte Personen gibt
- seit wann der Konflikt auftaucht und wie umfassend die Störung im Arbeitsablauf ist
- welche Lösungsversuche bisher unternommen wurden und mit welchem Ergebnis was passieren würde, wenn der Konflikt nicht gelöst werden kann

Aufgrund der Informationen schätzt der Konfliktlotse ein, auf welcher Eskalationsstufe nach Glasl der Konflikt zu verorten ist. Bewegt er sich zwischen den Eskalationsstufen 1 und 3 kann der Konfliktlotse mit seinen erworbenen Kompetenzen selbst klärende Gespräche mit beiden Beteiligten führen. Wenn er zu der Einschätzung kommt, dass es sich um einen reinen Strukturkonflikt handelt, sind andere Maßnahmen indiziert. Das wird sich nach meinen Erfahrungen nur selten im Erstkontakt verifizieren lassen, da das vorgetragene Leid der Beteiligten diese Ebene meist überlagert und erst im Fortgang des Prozesses sichtbar wird. Ist der Konflikt auf einer höheren Stufe zu verorten oder handelt es sich um einen hierarchieüberspringenden Konflikt, das heißt nicht mit dem direkt Vorgesetzten, sondern mit dessen Vorgesetzten, dann ist eine externe Mediation indiziert. Eine solche kann der

Konfliktlotse dem *Konfliktmanagementpool* vorschlagen, der über entsprechende externe Mediatorenkontakte verfügt.

In den Fällen, in denen nur eine Kollegin oder ein Kollege das Gespräch sucht, wird der Konfliktlotse ihn beraten, wie sie oder er im Konfliktfall vorgehen kann. In der Praxis zeigt sich, dass in manchen Fällen dieses Gespräch schon zu einer Deeskalation führt. Andernfalls wird nach Wegen zur Konfliktklärung mit dem Betroffenen gesucht. Bei Teamkonflikten kann der Konfliktlotse moderierend aktiv werden und das Gespräch nach den Regeln des Aktiven Zuhörens leiten. Sollte der Konflikt hoch eskaliert sein oder gar chronifiziert, ist auch in diesen Fällen eine externe Mediation angezeigt.

Ein weiteres Vernetzungsgremium ist der *Konfliktmanagementpool.* Er setzt sich aus einem Koordinator und allen im Unternehmen aktiven Konfliktlotsen zusammen. Zu seinen wichtigsten Aufgaben gehören:

- Entscheidungen über komplexe Anfragen treffen und gegebenenfalls externe Mediatoren hinzuziehen
- Informationen über Ergebnisse anonymisiert ans zuständige Management weiterleiten mit Hinweisen aus den Konfliktbearbeitungen (analog zur Feedbackschleife)
- Kollegiale Fachberatung
- Fortbildungen im Mediationsverfahren

Management by Mediation – Mit Mediationskompetenz führen

Inwieweit das Mediationskonzept für Führungskräfte – und damit für ihre Mitarbeiter – eine sinnvolle Ergänzung ihrer Tools sein kann, ist nicht unumstritten. Anita von Hertel (2009) hat ein ausführliches Plädoyer dafür vorgelegt. Sie nennt ihr Buch im Untertitel »Führen mit Mediationskompetenz«. Die entgegengesetzte Position vertritt Astrid Schreyögg (2017) und begründet das mit der Gefahr des Machtmissbrauchs durch die Führungskraft. Ein Argument, das nicht so schnell zu entkräften ist. Auf den Trend, die sogenannten Softskills manipulativ zu missbrauchen, hat bereits Richard Sennet (2000) in seinem Buch »Der flexible Mensch« eindrücklich hingewiesen.

Hilfreich ist es, zu differenzieren auf welcher Hierarchieebene die Führungskraft strukturell angesiedelt ist, um zu entscheiden wie die mediative Kompetenz kontextuell sinnvoll zur Geltung kommen kann. Das oberste Management und die oberste Führungsebene wird nicht direkt mediativ tätig werden können. Ihre Aufgabe besteht im Wesentlichen im »Paradoxiemanagement« (Simon 2007). Davon bleibt keine Organisation verschont, das heißt, es müssen bei widersprüchlichen Erwartungen und Anforderungen Entscheidungen getroffen werden, die einander ausschließen (Groth & v. Schlippe 2016). Dennoch ist eine Mediationsfortbildung gerade für das Management sinnvoll, denn je angstfreier die Führungskraft im Händeln von Konflikten ist, desto besser gelingt es ihr, Entscheidungen zu treffen und die Paradoxien ausgleichend zu moderieren. »Ich habe die Angst vor Konflikten verloren, beziehungsweise sie machen mir sehr viel weniger Angst« ist eine häufige Rückmeldung, die ich in den Fortbildungen höre. Anders geht es

> »Führungskräften, die in sich eine tiefe Scheu verspüren, sich in beobachtbare Spannungen zu begeben, diese anzusprechen und mit anderen nach Lösungen zu suchen, in denen niemand mit schweren Kränkungen und persönlichen Verletzungen zurückbleibt, sie fungieren stets als Konfliktverstärker. Überall dort, wo in Organisationen auf Dauer gestellte, chronifizierte Konfliktdynamiken beobachtbar sind, lassen sich schwere Führungsdefizite vermuten« (Wimmer 2016).

Das ist ein klares Votum gerade für Führungskräfte, ihre Konfliktfähigkeit zu schulen, um die eigene Involviertheit am Konfliktgeschehen reflektieren zu können. Wimmer hält »solche selbstreflexiven

Kompetenzen im Führungszusammenhang für entscheidender als bestimmte Gesprächsführungsmethoden, die man üblicherweise im Konfliktmanagement lernt«.

Währenddessen können Führungskräfte, die dicht an den Teams und Projekten angesiedelt sind, die mediative Kompetenz direkt zur Lösung von Konflikten in dem ihnen unterstellten Subsystem nutzen. Selbstredend gehört dazu die Fähigkeit, Konflikte wohlwollend zu regulieren und sich dabei gleichzeitig als Mitspieler einzubeziehen.

Ich führe seit Langem Fortbildungen für Teamleiter und Geschäftsführer durch und habe hier die Erfahrung gemacht, dass es den Teilnehmerinnen und Teilnehmern auf zwei Arten hilft, ihre Leitungsaufgabe besser auszufüllen. Zum einen können sie natürlich bei nicht-hocheskalierten Konflikten zwischen Kollegen vermitteln, zum anderen stärkt es ihre Kommunikationskompetenz. Besonders die als »Herzstück der Mediation« beschriebenen Phasen unterstützen den Aufbau einer bezogenen Kommunikation im Team. Das bedeutet, die Angewohnheit, schon vor dem Gehörten mit gutgemeinten Lösungen zu antworten, kann sich dahin gehend modifizieren, dass sich eine mediative Führungskommunikation durch Zuhören und Verstehen auszeichnet, weil der Vorgesetzte seinem Mitarbeiter sein »offenes Ohr« und damit die nötige Anerkennung und Aufmerksamkeit schenkt, die ich für ein elementares menschliches Grundbedürfnis halte. Das gilt auch und gerade für die Arbeitswelt in agilen, schnellen Zeiten der Veränderung und Ungewissheit[15]. Weitere Nebenwirkungen sind, dass die Führungskraft Konflikte schneller erkennt und im Sinne der ›impliziten Mediation‹ (s. Kapitel III) intervenieren kann und ganz wesentlich die Angst vor konflikthaften Auseinandersetzungen verliert.

Für eine mediative Intervention als Vorgesetzter sollte Folgendes beachtet werden:

15 S. dazu Obermeyer & Pühl 2019.

1. *Voraussetzungen*
   - Vertrauensvolles Verhältnis zu den Konfliktbeteiligten
   - Selbst nicht am Konflikt beteiligt sein (aus Gründen der Allparteilichkeit)
2. *Vorgespräch*
   - Klären, wer die Konfliktbeteiligten sind
   - Sich nur so viel vom Konflikt berichten lassen, wie benötigt wird, um sich ein erstes Bild zu machen
   - Zum Verfahren alle nötigen Infos geben und den Rahmen abstecken
3. *Klärung der Rolle als mediativer Verhandler*
   - Klarstellen: In welchen Bereichen haben die Mitarbeiter völlig freien Entscheidungsspielraum – in welchen Bereichen machen Sie als Vorgesetzter ihren Einfluss geltend
   - Unbedingt einen neutralen Raum wählen

In diesem Sinne würde ich mich zwischen den Positionen von Anita von Hertel und Astrid Schreyögg ansiedeln. Ich sehe die Gefahr des Machtmissbrauchs sehr deutlich, erkenne aber auch die Chancen. Diese zeigen sich besonders dort, wo das Verhältnis zwischen Mitarbeiter und Vorgesetztem von gegenseitigem Respekt geprägt ist. Das ist vermutlich genau die Entscheidungslinie für oder gegen mediative Interventionen durch den Vorgesetzten. Organisationen sind kulturell dermaßen unterschiedlich, dass sich eine Antwort für oder gegen die Anwendung durch die Führungskraft nur im Einzelfall entscheiden lässt (vgl. auch Robrecht 2012). Mein Erfahrungshintergrund in dieser Richtung beschränkt sich auf Unternehmen, in denen strenges Durchregieren nicht auf der Tagesordnung steht.

Ideen zur Konfliktprävention

Der entscheidende Schritt in Richtung Konfliktprävention ist vermutlich leicht gesagt, aber in vielen Organisationen schwer umsetzbar: die Anerkennung, dass Konflikte zum Alltag einer sich in ständiger Bewegung befindlichen Gesellschaft dazugehören. Einen Baustein haben wir oben gesehen, nämlich die Implementierung eines systematischen Konfliktmanagementsystems.

Eine andere Möglichkeit kann das *Erwartungsmanagement* sein, denn – wie gesagt – Ursache fast aller Konflikte sind Missverständnisse und subjektive Kränkungen. Von daher ist es im Sinne einer Konfliktprävention hilfreich, diese Störungen frühzeitig zu erkennen. Ziel ist nicht die schnelle Lösung (»Ich will das Problem nicht!«), sondern der Versuch, Erwartungen zu erkennen und anzusprechen.

Dazu gehört das Kennen und Ansprechen von Erwartungen und Enttäuschungen: Eine besondere Herausforderung stellen die »vernebelten« Konflikte dar. Man spürt sie atmosphärisch, aber sie werden nicht offen angesprochen. In diesen Fällen bedarf es oft einer Überwindung, um den oder die Betreffenden mutig anzusprechen: »Sagen Sie mal Frau A, was ist denn los, ich kenne Sie sonst doch ganz anders.«

Da keiner gerne Konflikte hat, kann es durchaus passieren, dass Sie hier nur ein Achselzucken als Antwort bekommen. Es kann aber genauso sein, dass die oder der Betreffende froh ist, wenn er ein offenes Ohr für sein Anliegen findet. Also nur Mut – auch wenn's nicht so klappen sollte, wie gewünscht.

Letztlich ist alles *Kommunikation,* daher sollte man:

- Probleme ansprechen
- Anschuldigungen vermeiden
- von sich selbst reden
- institutionalisierte Treffen zu gemeinsamen Besprechungen verankern
- klare Ansprechpersonen für Probleme benennen

Bedeutsam für die Prävention – und als generelle Haltung – ist Klarheit in der Rolle als Führungskraft. Dazu schlagen Berner und Kollegen (Berner et al. 2017) folgende Strategien vor:

- *Verbindliche Zusage:* »Ich habe verstanden, was Sie von mir erwarten, und ich sage Ihnen verbindlich zu, es zu tun.«
- *Bedingte Zusage:* »Ich habe verstanden, was Sie von mir erwarten, und ich will versuchen, es nach Möglichkeit zu erfüllen, kann (oder will) es Ihnen aber nicht verbindlich zusagen.«
- *Bedingte Absage:* »Ich habe verstanden, was Sie von mir erwarten, kann (oder will) es aber voraussichtlich nicht erfüllen. Sollte sich doch eine Möglichkeit ergeben, sage ich Ihnen Bescheid.«
- *Verbindliche Absage:* »Ich habe verstanden, was Sie von mir erwarten, kann (oder will) diese Erwartung aber definitiv nicht erfüllen« (Begründung mitliefern).
- *Vertagung:* »Ich habe verstanden, was Sie von mir erwarten, kann Ihnen aber noch nicht sagen, ob ich Ihre Erwartung erfüllen will und kann. Ich muss darüber nachdenken; lassen Sie uns später noch einmal darüber sprechen.«

Letztlich ist die beste Konfliktprävention – wie beschrieben – eine zugewandte Führungs- und Organisationskultur, in der Mitgestaltung und Anerkennung keine Fremdworte sind und die Leitlinien kein schöner Schein.

Kapitel VI

Zur OrganisationsMediatoren-Haltung oder: Der Umgang mit Ungewissheit[16]

Veränderungen sind das tägliche Brot in Organisationen und ständige Verunsicherung und Mobilisierung von Angst kann die Folge sein. Dies war für mich das interessante Ergebnis einer Studie, die ich schon vor 30 Jahren anhand einer Teamberatung machen konnte. Ich kam zu der Erkenntnis, dass über Strukturen Angst gebunden und ebenso mobilisiert wird, und zwar in Abhängigkeit von Organisationsstruktur und -kultur (vgl. Pühl 2017).

Hoffnungsträger der Veränderung und Präsenz

Wenn wir uns jetzt die Beraterseite anschauen, verstehen wir, dass Mediatorinnen und Mediatoren selbst in ihrem Kontakt mit Klienten mit dieser Angst konfrontiert werden. Dies erfahren wir als Mediatoren nur selten in der offenen Form, eher in der Befürchtung der Auftraggeber, ob wir die gewünschte Konfliktklärung erreichen. Als OrganisationsMediator beschäftigt mich, ob ich für unsere Klienten *Hoffnungsträger für Veränderung* sein kann. Die Ratsuchenden kommen meistens in mehr oder weniger offener oder versteckter Skepsis in die Konfliktberatung. Die Alltagserfahrung im Ausgang eskalierter Konflikte ist oft nicht so positiv, als dass sie nun für den bevorstehenden Prozess aus-

---

16 Vgl. Pühl 2016, S. 96ff.

reichend Hoffnungsenergie entwickeln können. Mit dieser Hypothek begegnen sie nun auch mir als Mediator. Gelingt es mir nicht, im ersten persönlichen oder telefonischen Kontaktgespräch ausreichend positive Energie zu generieren, zumindest neugierige Erwartung zu wecken, steht die Beratung bereits an diesem Punkt unter einem ungünstigen Stern. Der Mediator repräsentiert mit seiner optimistischen Haltung die Botschaft: »Es kann gelingen« und damit den Gegenpart zur Skepsis. Er ist der Vertreter des Prinzips Hoffnung. Dies funktioniert nur in dem Maße, wie ich es auch spüren beziehungsweise aufgrund meiner positiven Erfahrungen abrufen kann. Nach außen äußert es sich in meiner wertschätzenden Haltung: »Ich freue mich, dass Sie bereit sind, sich auf diesen Klärungsprozess einzulassen, und ich werde alles tun, damit er optimal verläuft.« Meine hoffungsvolle Haltung offenbart sich in meiner Präsenz. Präsenz bedeutet innere und äußere Wachheit, schließt das Schweigen und die Ruhe ebenso ein wie mutiges Intervenieren. Deshalb immer wieder: »Mut zur Präsenz« (Pühl 2016), weil diese Haltung bedeutet, sich seiner selbst aufmerksam zu vergewissern; weil es bedeutet, in Kontakt zu gehen, auch und gerade an den Stellen, die unsere Klienten als schwierig und belastend empfinden.

Der Klosterbruder und Führungskräfteberater Anselm Grün (2016, S. 378) bringt es auf den Punkt, wenn er sagt:

> »Ich bin in Berührung mit meiner eigenen inneren Quelle. Ich setze mich nicht unter Druck, dem anderen gute und intelligente Antworten geben zu müssen. Ich bin einfach da, höre auf den anderen und höre auf meine eigenen inneren Impulse, die aus dieser inneren Quelle emporstrudeln.«

Intuition ist mehr als reines Bauchgefühl, Intuition bedeutet »fließen lassen« und setzt bei mir als Berater voraus, dass ich mich frei mache, frei von vorschnellen Bewertungen, etwa vergleichbar mit Freuds Empfehlung der »gleichschwebenden Aufmerksamkeit«.

Es braucht diese innere Offenheit, um mit dem und den anderen eine resonante, fühlende Begegnung zu ermöglichen.

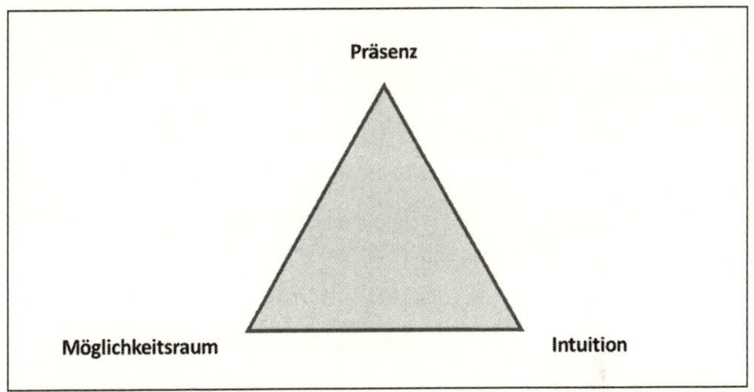

Abb. 10: Haltungstriade

Wie im Kapitel »Auftragsklärung« beschrieben, entsteht der Möglichkeitsraum im Dialog – beziehungsweise in Aushandlung – zwischen Berater, Auftraggeber und Konfliktbeteiligen. Winnicott (1974) spricht in diesem Kontext vom Übergangsraum, intermediären Raum, Zwischenraum oder Spielraum. Triadische Räume unterstützen Zustände angstarmer Beweglichkeit, in der sich Standpunkte und Positionen lockern können und Entwicklung möglich wird. Durchaus in zeitlich versetzten Abfolgen konstituiert sich hier das Beratungssystem.

Ist der Erwartungsdruck der Klienten allerdings spürbar sehr hoch, kann dieser hehre Anspruch beim Mediator in eine Schieflage geraten. In der Anwendung von Tools kann dann die rettende Lösung gesehen werden, allerdings möglicherweise unter Aufgabe eines haltenden Kontaktes. Nach dem Motto: Wer mit sich selbst nicht in ausreichendem Kontakt ist, dem wird es schwerfallen zu seinen Klienten in resonanter Beziehung zu stehen.

In der Beratung ist es eine hohe Kunst, die verschiedenen Tools spielerisch anzuwenden. Dabei wollen wir nicht übersehen, dass ich als Berater meine Angst vor dem Neuen auch in den Griff bekommen kann, indem ich ein Tool nach dem anderen aus dem

Hut zaubere. Mehr Sicherheit verspricht hingegen die innere Haltung.

Beratungstriade

Das Grundmodell jeder Prozessberater (Schein 2000) konstituiert sich durch Dreiecke. In unserem Fall: Berater – Konfliktpartei A – Konfliktpartei B (s. Abb. 4).

Junge Kolleginnen und Kollegen berichten immer wieder, wie schwer es ihnen fällt, allparteilich zu sein, sie neigen schnell dazu, eine Seite sympathischer zu finden als die andere; manchmal einhergehend mit einem Bild von Recht und Unrecht.

Diese Bilder von Schuld und Unschuld, Recht und Unrecht, Richtig und Falsch sind sicherlich kulturell tradiert und durch Erziehung und Schule verfestigt. Wir finden sie selbstverständlich auch in Organisationsdynamiken wieder, wenn die Konfliktschuld einer Person oder einer Arbeitsgruppe zugeschoben wird. Es bleibt nicht aus, dass diese Zuschreibungen dem OrganisationsMediator schon mit der Auftragsanfrage offen oder dezent mitgeteilt werden.

Von daher sind die Bilder von Schuld und Unschuld doppelt anschlussfähig. Doppelt, da auch wir als Beraterinnen und Berater solche Zwei-gegen-Einen-Bündnisse familiär erlebt haben werden. Solche Bündnisse ergeben sich, wenn sich das familiäre Dreieck Mutter-Vater-Kind(er) auf Zweierbündnisse reduziert, und zwar zwischen Mutter und Kind gegen den Vater oder zwischen Vater und Kind gegen die Mutter oder aber der Eltern gegen das Kind. Diese *Zwei-gegen-einen-Struktur* begründet die existenziellen Grundängste, die uns vermutlich allen nicht ganz fremd sind. Es ist die Angst vor dem Ausgeschlossenwerden, vor der Ausstoßung, vor dem Missbrauch, davor, benutzt worden zu sein. Letztlich ist es die Angst vor dem Alleingelassenwerden. Ich nenne das die »triadische Grundangst« (Pühl 1986), die in der Rolle des allparteilichen Beraters mobilisiert werden kann. Jeder Mediator ist aufgrund seiner eigenen biografischen Dreieckserfahrung deshalb ständig mehr oder weniger prädestiniert, die »Abwehrstruktur des in ›Zweiecke‹ zerfallenden Dreiecks mitzuagieren«, wie es die Familientherapeutin Thea Bauriedl (1994) treffend auf den Punkt bringt. Ich glaube daher, dass es in erster Linie der intrapsychischen Freiheit des Mediators bedarf, sich den widerstrebenden Systeminstanzen in der Organisation innerlich offen zuwenden zu können, ohne dabei das Gefühl zu haben, beim Kontakt mit einer Stelle jemand anderen zu verraten oder im Stich zu lassen (vgl. Pühl 2016).

Die Bewegung von der einen Seite zur anderen, vom Auftraggeber zu den Konfliktparteien oder umgekehrt, kann schnell mit Gefühlen einhergehen, eine Seite zu verraten. Das Misstrauen der Partei, von der man sich wegbewegt, kann eigene Schuldgefühle schüren und man fühlt sich als Mediator bewegungslos und eingeschlossen. Aus diesen Erfahrungen heraus kann ich nur zustimmen, dass sich beide Parteien nur dann bewegen können, wenn ich mich als Mediator zuerst bewege, wenn ich mich und meine Impulse, Wünsche, Ängste und dergleichen spüre, wenn ich meine Bewegungslust zulasse und mich nicht aufgrund von Schuldgefühlen oder Ängsten als Verräter fühle. Das ist freilich zuerst ein intrapsychischer Vorgang. Das Spüren der inneren Bewegungslust und Bewegungsangst eröffnet neue Wahrnehmungs- und meist auch Handlungsdimensionen.

Diese Bewegungsfreiheit können wir uns als Berater nur selbst schenken. Die Fähigkeit des OrganisationsMediators, den »Systemblick« nicht zu verlieren, ist die Kunst dieses Verfahrens, denn tangiert werden hier immer eigene lebensgeschichtliche Erfahrungen, kulturelle Werte (Spaltung in Gut und Böse) und ethische Haltungen (vgl. Heintel 2005, S. 27).

In meinem Verständnis bilden sich Haltungen – immer in Verbindung mit Werten und Moral – in einem lebenslangen Prozess heraus. Prägend sind dabei in erster Linie Gruppenerfahrungen, die im familiären Kontext ihren Ursprung haben. Das Individuum entwickelt sich immer entlang der psychischen Grenzen und Möglichkeiten seiner Primärgruppe und nimmt deren Grenzen in Form von Ambivalenzen, Spaltungen usw. in die eigene Psyche auf. Oder wie Siegfried Bernfeld (2000) es schon vor 80 Jahren formulierte: »Die Kindheit verläuft als Resultat der angeborenen Reaktionstendenzen und -weisen auf die vorgefundenen konkreten, zufälligen und allgemeinen Lebensumstände.«

Betont sei hier nachdrücklich, dass diese Erfahrungen sich keinesfalls auf die Familie beschränken, auch dann nicht, wenn die Familie für den Einzelnen sozusagen die konkreteste Verkörperung gesellschaftlicher Realität darstellt. Gerade die institutionelle, oder zunehmend nicht-institutionelle Eingebundenheit der Familie, zum Beispiel durch Arbeitslosigkeit oder chronische Krankheit, hat nachhaltige Wirkungen auf die Weise, wie der Einzelne die Welt erlebt und verinnerlicht. Unterschätzt wird die Bedeutung der jahrelangen Schulerfahrung in den prägenden Entwicklungsschritten vom Kind zum Jugendlichen (vgl. Rosa 2016). Dieses (größtenteils unbewusste) Erleben wird später zu einer wesentlichen Basis für jede Form zwischenmenschlicher Beziehung und für den Umgang mit der Welt überhaupt. Die Spuren, die dieses Erleben hinterlässt, sind sowohl die positiven Formen der Kommunikation und Kontaktaufnahme als auch die je spezifischen Abwehrmechanismen. In jeder neuen Gruppensituation spielt jeder seine erlernte Rolle wie auf einer Theaterbühne. Oder anders ausgedrückt: Jede neue Situation mobilisiert alte, vertraute Kommunikations- und Abwehrmuster, weil diese eine gewisse Sicherheit versprechen, spült damit aber auch unwillkürlich Neurotisches und Unbearbeitetes an die Oberfläche.

So nehmen wir im Laufe unseres Lebens sehr unterschiedliche Gruppenerfahrungen in uns auf, die mit jeder weiteren Erfahrung reifen können. Somit ist individuelles Verhalten nie ohne seinen verinnerlichten Gruppenkontext zu verstehen.

Deshalb ist ein sicherer Ort für den Mediator vonnöten – die eigene Beratungsinstitution als eigenes Netzwerk –, um die Dynamik zu entwirren. Dieser Ort ist auch notwendig, um entstandene Missverständnisse und damit verbundene Kränkungen, Wut und

Ärger nicht als persönliche Inkompetenz zu brandmarken. Das bietet sich nur allzu schnell an, schließlich sind uns die Muster Schuld/Unschuld oder Richtig/Falsch kulturell in Fleisch und Blut übergegangen. Und es wäre doch so schön, das erlebte Unbehagen unseren Klienten zuzuordnen. Wenn es gelingt, das Geschehen mitsamt den entstandenen Irritationen, Verletzungen und Spaltungen dahin gehend zu untersuchen, was uns das über die beratene Organisation verraten kann, sind wir einen wertvollen Schritt weiter. Wir können orientierende Arbeitshypothesen formulieren, zum Beispiel dahin gehend, dass die erlebten Verwicklungen Ausdruck diffuser Arbeitsaufgaben der Mitarbeiter sind, die zu ständigen Kommunikations- und Grenzüberschreitungen führen und, damit zusammenhängend, dass es keine klar definierten und verlässlichen Ansprechpartner gibt.

Ich komme noch mal auf die Position des Mediators als dem Dritten zurück. Dem Mediator kommt neben seiner Konfliktklärungsfunktion zusätzlich eine symbolische Bedeutung zu. Er schließt durch den gemeinsam initiierten Austausch das Dreieck. Dieses Dreieck, wir sprechen auch vom »triangulären Raum«, ist die Grundlage jeder Entwicklung. Erhard Tietel (2003; 2005) weist in diesem Zusammenhang auf die frühen Arbeiten des Soziologen Simmel hin, der bereits 1908 auf die Bedeutung des Dritten im Konflikt hingewiesen hat. Er spricht von dem Unparteiischen (C):

> »In der Dreiecksbeziehung können die beiderseitigen Beziehungen zu C sowie die integrativen Fähigkeiten von C dazu dienen, Aspekte einer Klärung zuzuführen, die A und B aus eigener Kraft nicht zu klären imstande sind; die mittelbare Beziehung zu und über C kann wieder zusammenfügen, was in der unmittelbaren Beziehung von A und B entzweit war« (Tietel 2003, S. 233).

In diesem Sinne trennt er die Beziehung zwischen A und B und verbindet sie gleichzeitig über C. Das, was Simmel hier ausdrückt, charakterisiert die Position des Mediators sehr prägnant.

Der OrganisationsMediator stellt über die dritte Position stellvertretend den Bezug zur Arbeitsaufgabe her, die aus verschiedenen Rollen geleistet werden muss. Kennzeichen eines jeden organisationellen Konfliktes ist es ja gerade, dass die Erledigung der Arbeitsaufgaben beeinträchtigt ist. Die Triade ist dann geschlossen, wenn die Streitparteien die Arbeitsaufgabe wieder als gemeinsamen Bezugspunkt in den Fokus nehmen können. Das *triadische Denken* gehört bisher nicht zum Repertoire der Mediation.

Die Allparteilichkeit findet da ihre Einschränkung, wo es um den gemeinsamen Bezugspunkt aller Beteiligten geht. Zu den Beteiligten zählen in der OrganisationsMediation neben den direkt Konfliktbeteiligten die Systemverantwortlichen, zum Beispiel die GeschäftsführerIn oder der Vorstand. Es geht also darum, die Gesamtinteressen der Organisation im Blick zu behalten. Wie die Abbildung zeigt, steht das zusammen vereinbarte Ziel der Beratung als gemeinsamer Bezugspunkt im Zentrum. Auch wenn das Ziel in der Praxis sehr allgemein formuliert ist, wie »Verbesserung der Zusammenarbeit« oder »Schritte zur Konzeptualisierung festhalten«, bildet es den Rahmen und die Orientierung für alle. In diesem Sinne sind in der OrganisationsMediation alle – der Berater eingeschlossen – parteilich.

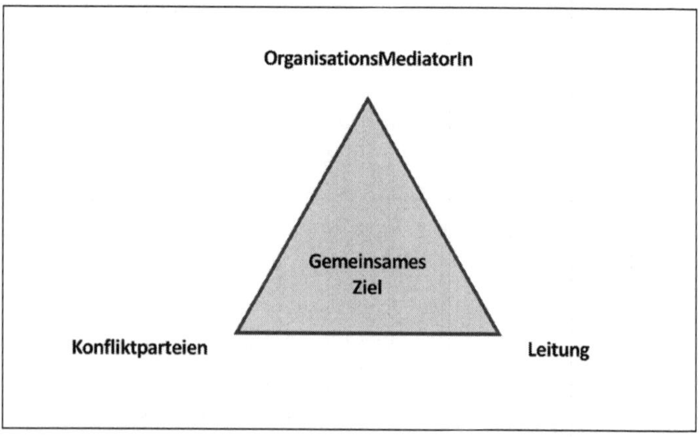

Abb. 11: Gemeinsames Ziel in der Triade

Tools oder doch lieber Intuition?

> »Die *Haltung* des Beraters mag vordergründig nicht sofort sichtbar sein, aber sie beeinflusst alles. Sie ist Grundlage und Fundament. *Erfahrung* ist das Gerüst, welches das Gebäude, das sich auf dem Fundament erhebt, stützt und ihm Festigkeit und Flexibilität verleiht. Die *Methode* ist die konkrete Ausformung, die dem ganzen Gebäude Farbe und Aussehen verleiht. Manchmal lässt man sich von der Eleganz einer Intervention bezaubern, ohne an das tragende Gerüst und das darunter liegende Fundament zu denken. Genau betrachtet kommt jedoch keines der drei Elemente ohne die beiden anderen aus« (Hallier 2017, S. 310f.).

Nun ist das, was wir zur Angstabwehr durch Tools und Methoden sagen, ja noch nichts Spezifisches für die Mediation. Es gilt letztlich für alle Interventionen, die nicht primär Fachberatung sind und die auf die Entwicklung von Menschen, Gruppen und Organisationen zielen.

Wenn ich vorab sagte, dass die Mediation durch ihre klare Struktur und Phasenabfolge angstmindernd wirkt, so zeigt sich bei genauerem Hinsehen und vor allem beim Durchführen, dass sich dies als schöner Schein entpuppt. Gerade in der Phase, in der es darum geht, hinter die Positionen zu schauen, also die Kränkungen, Missverständnisse und Interessen offen zu legen, sind wir als Berater gefordert, uns in liebevoller Geduld unserer Hilflosigkeit zu stellen – und ebenso den Ängsten und Zweifeln unserer Klienten.

Die Struktur ist immer entsprechend dem Prozess zu gestalten, das heißt die OrganisationsMediatorin hält sich nicht sklavisch an die Grundstruktur. Schein nennt es mit dem Flow, dem Fluss, zu gehen. Hilfreich ist es immer wieder, an den Ausgangspunkt der Zielbestimmung zurückzukehren, um orientierend für die Medianten sichtbar zu bleiben und sich nicht verführen zu lassen »vom Hölzchen aufs Stöckchen« zu springen.

Ich verstehe meinen Mediationsstil in Anlehnung an Alexander (2016) als »Moderierende Mediation«. Er zeichnet sich dadurch aus, dass ich die Medianten ermutige, »ihre Bedürfnisse und Interessen in Zusammenhang mit dem Streitfall offenzulegen und den Konflikt aus der Perspektive der anderen Partei nachzuvollziehen«. Augenfällige Ähnlichkeiten zu der Liste von Alexanders sechs identifizierten Stilen zeigen sich bei der sogenannten »Transformativen Mediation«, ergänzt im Wesentlichen durch den Aspekt des Lernens. Ich halte das unter Kolleginnen und Kollegen gerne verwendete Label »transformativ« eher für eine Marketingstrategie als für eine aussagekräftige Bezeichnung. Im Umkehrschluss anzunehmen, dass in der »moderierenden« Mediation keine Lernerfahrungen gemacht werden, verkennt die Wirkung des Verfahrens. Jede erfolgreiche Mediation hinterlässt bei den Beteiligten – und in ihrem Systemkontext – Spuren. Meistens sind diese nachhaltig positiv, da Konflikterleben im Alltag oft nicht zu guten Ergebnissen geführt hat.

Literatur

Ahlers, S. (2012). Scham in der Mediation. *Spektrum der Mediation, 48,* 46–49.

Alexander, N. (2016). Das Mediations-Metamodell – Ein konzeptioneller Rahmen für die internationale Mediationspraxis. *Spektrum der Mediation, 65,* 12–16.

Bauriedl, T. (1994). *Auch ohne Couch. Psychoanalyse als Beziehungstheorie und ihre Anwendungen.* Stuttgart.

Berne, E. (2005). *Transaktionsanalyse zur Intuition. Ein Beitrag zur Ich-Psychologie.* Paderborn.

Berner et al. (2017). *Die Umsetzungsberatung* [Homepage]. https://www.umsetzungsberatung.de/konflikte/konfliktpraevention.php? (31.10.2015).

Bernfeld, S. (2000). *Sisyphos oder die Grenzen der Erziehung.* Frankfurt/M.

Berning, D. (2013). Kosten nicht bearbeiteter Konflikte. In T. Trenczek, D. Berning & C. Lenz (Hrsg.), *Mediation und Konfliktmanagement* (S. 216–226). Baden-Baden.

Besemer, C. (1993). *Mediation – Vermittlung in Konflikten.* Baden.

Bonacker, T. (Hrsg.). (2008). *Sozialwissenschaftliche Konflikttheorien – Eine Einführung* (4. Aufl.). Wiesbaden.

Boszormenyi-Nagy, I. & Spark, G.M. (1993). *Unsichtbare Bindungen* (4. Aufl.). Stuttgart.

Breithaupt, F. (2017). *Die dunklen Seiten der Empathie.* Frankfurt/M.

Briem, J. & Klowait, J. (2012). Der Round Table Mediation und Konfliktmanagement der deutschen Wirtschaft. *Konfliktdynamik, 1,* 66–73.

Conrad, G. & Pühl, H. (1983). *Teamsupervision – Gruppenkonflikte erkennen und lösen.* Berlin.

Duss-von-Werdt, J. (2015). *homo mediator – Geschichte und Menschenbilder der Mediation.* Baltmannsweiler.

Faller, K. (2014a). Innerbetriebliche Konfliktbearbeitung als Verbindung von Mediation und systemischer Organisationsberatung In K. Faller, B. Fechler & W. Kerntke (Hrsg.), *Systemisches Konfliktmanagement.* Stuttgart.

Faller, K (2014b). *Konfliktfest durch Systemdesign.* Stuttgart.

Faller, D. & Faller, K. (2014). *Innerbetriebliche Wirtschaftsmediation.* Frankfurt/M.

Faller, K., Fechler B. & Kerntke W. (Hrsg.). (2014). *Systemisches Konfliktmanagement.* Stuttgart.

Fechler, B. (2012). Auftragsklärung – Konfliktcoaching – Strategieberatung: Über die Einbindung des De-Jure Auftraggebers in der Organisationsmediation. *Spektrum der Mediation, 47.*

Fisher, R., Ury, W. & Patton, B. (2004). *Das Harvard-Konzept* (22. durchges. Aufl.). Frankfurt/M., New York.

Freud, S. (1912). Ratschläge für den Arzt bei der psychoanalytischen Behandlung. In *GW VIII*, S. 376–387.

Freud, S. (1917). Der Sinn der Symptome. In *GW XI*, S. 264–281.

Freud, S. (1926). Hemmung, Symptom, Angst. In *GW XIV*, S. 111–205.

Fürstenau, P. (2007). *Psychoanalytisch verstehen, Systemisch denken, Suggestiv intervenieren.* Stuttgart.

Glasl, F. (1997). *Konfliktmanagement* (5. erw. Aufl.). Bern.

Glasl, F. (2012). *Heiße und kalte Konflikte* [Booklet und DVD]. Stuttgart.

Glasl, F, Kalcher, T. & Piber, H. (2005). *Professionelle Prozessberatung*. Bern.

Groth, T. & v. Schlippe, A. (2016). Vexierbilder … Paradoxien in Organisationen als Ausgangspunkt für Konflikte. *Konfliktdynamik, 1,* 6–9.

Grün, P.A. (2010). Interview: Kontakt zur Inneren Quelle finden. In *Spirituelle Dimension in Coaching und Beratung.* Göttingen.

Hallier, H. (2017). Achtsamkeit in der Supervision. In H. Pühl (Hrsg.), *Das Aktuelle Handbuch der Supervision*. Gießen.

Harrison, R. (1970). Das Tiefenniveau in der Organisationsintervention. *Gruppenpsychother. Gruppendynamik, 4,* 296–312.

Heintel, P. (2005). Widerspruchsfelder, Systemlogiken und Gruppendialektiken als Ursprung notwendiger Konflikte. In G. Falk, P. Heintel & E.E. Krainz (Hrsg.), *Handbuch Mediation und Konfliktmanagement* (S. 15–34). Wiesbaden.

Heintel, P. (2017). *Zeitfragen. Gegen die Beschleunigung – für eine andere Zeitkultur.* Wien.

Heintel, P. & Falk, G. (2003). Personalumbau: Wirtschaftsmediation am Beispiel eines Bankenkonfliktes. In H. Pühl (Hrsg.), *Mediation in Organisationen – Neue Wege des Konfliktmanagements: Grundlagen und Praxis* (S. 32–63). Berlin, Stuttgart.

Honneth, A. (1992). *Kampf um Anerkennung. Zur moralischen Grammatik sozialer Konflikte.* Frankfurt/M.

Kerntke, W. (2004). *Mediation als Organisationsentwicklung.* Bern.

Kerntke, W. (2010). Über den Einbezug von Stakeholdern in der Organisationsmediation. *Spektrum der Mediation 37,* 9–14.

Ketels, S. (2013).: Mediationsbegleitendes Coaching. In: P. Knapp (Hrsg.), *Konflikte lösen in Teams und großen Gruppen* (S. 29–36). Bonn.

Knapp, P. & Novak, A. (2003). *Effizientes Verhandeln.* Heidelberg.

KPMG (2009). *Konfliktkostenstudie – die Kosten von Reibungsverlusten in Industrieunternehmen.* Frankfurt/M.

Kühl, S. (2008). *Coaching und Supervision. Zur personenorientierten Beratung in Organisationen.* Wiesbaden.

Luhmann, N. (1984). *Soziale Systeme.* Frankfurt/M.

Marks, S. (2015): *Scham – eine tabuisierte Emotion* (5. Aufl.). Düsseldorf.

Montada, L. (2009). Mediation – Pfade zum Frieden. *Erwägen, Wissen, Ethik (EWE), 20*(4), 501–511.

Montada, L. & Kals, E. (2007). *Mediation* (2. Aufl.). Weinheim.

Obermeyer, K. & Pühl, H. (2019). *Ungewissheit in Übergängen. Angst und Kreativität auf dem Weg ins Offene.* Gießen (in Vorbereitung).

Oboth, M. & Seils, G. (2005). *Mediation in Gruppen und Teams.* Paderborn.

Ponschab, R. & Dendorfer-Ditges, R. (2016). Konfliktmanagement im Unternehmen. In P. Hentel et al. (Hrsg.), *Handbuch Mediation* (3. Aufl.). (S. 813–843). München.

Prior, C. & Thomann, C. (2015). Klärungshilfe. *Konfliktdynamik, 4,* 294–303.

Prior, M. (2013).: *MiniMax-Interventionen* (11. Aufl.). Heidelberg.

Pühl, H. (1986). *Teamsupervision – Von der Subversion zur Institutionsanalyse.* Göttingen.

Pühl, H. (2005). Organisationsmediation. In M. Mohe (Hrsg.), *Innovative Beratungskonzepte* (S. 205–228). Leonberg.

Pühl, H. (2006 [2003]). *Organisations-Mediation im Kontext verwandter Beratungsverfahren* (3. Aufl.). Berlin.

Pühl, H. (2013). *Konfliktklärung in Teams und Organisationen* (2. Aufl.). Berlin.

Pühl, H. (2016). Innere Freiheit, Bewegungslust und der Mut zur Präsenz. In K. Obermeyer & H. Pühl (Hrsg.), *Die innere Arbeit des Beraters* (S 59–76). Gießen.

Pühl, H. (2017). *Angst in Gruppen und Institutionen*, Gießen.

Rafi, A. (2016). Allparteilichkeit des Mediators – Illusion oder Ideal? In K. Obermeyer & H. Pühl (Hrsg.), *Die innere Arbeit des Beraters* (S. 133–144). Gießen.

Rappe-Giesecke, K. (2009). Supervision für Gruppen und Teams (4. Aufl.). Heidelberg.

Redlich, A. (1997). *Konfliktmoderation.* Hamburg.

Reik, T. (1948). *Hören mit dem dritten Ohr.* Frankfurt/M.

Robrecht, T. (2012). Der Nutzen der mediativen Perspektive für Führungskräfte. *Spektrum der Mediation, 47,* 40–43.

Rosa, H. (2016): *Resonanz – Eine Soziologie der Weltbeziehung.* Frankfurt/M.

RTMKM (2017). *Stellungnahme des Round Table Mediation & Konfliktmanagement der Deutschen Wirtschaft zum Bericht der Bundesregierung über die Auswirkungen des Mediationsgesetztes auf die Entwicklung der Mediation in Deutschland und über die Situation der Aus- und Fortbildung der Mediatoren* [PDF]. http://www.rtmkm.de/ (28.01.2018).

Sarholz, O. & Lorz, R. (2015). Konfliktsituationen und Konfliktdynamik in der Unternehmensnachfolge. *Konfliktdynamik, 3,* 192–216.

Schein, E. (2000). *Prozessberatung für die Organisation der Zukunft.* Köln.

Schmidbauer, W. (1999). *Die heimliche Liebe – Ausrutscher, Seitensprung, Doppelleben.* Reinbek.

Schmidbauer, W. (2005). *Vom Es zum Ich – Grundlagen der psychoanalytischen Sozialpsychologie.* Berlin, Stuttgart.

Schreyögg, A. (2017). Warum ist Konfliktcoaching – besonders für neu ernannte Führungskräfte – oft besser als Konfliktmanagement? *Konflikt-Dynamik, 4,* 278–285.

Schwarz, G. (2005): *Konfliktmanagement* (7. erw. Aufl.). Wiesbaden.

Sennet, R. (2000). *Der flexible Mensch*. München.

Simmel, G. (1992). *Soziologie*. Frankfurt/M.

Simon, F.B. (2007). Paradoxiemanagement oder Genie und Wahnsinn in Organisationen. *Revue für postheroisches Management, 1*, 68–86.

Stock, D. & Lieberman, M.A. (1976). Methodologische Ansätze zur Beurteilung von Gesamtgruppenprozessen. In G. Ammon (Hrsg.), *Analytische Gruppendynamik* (S. 145–164). Hamburg.

Thomann, C. (2008). *Klärungshilfe 2 – Konflikte im Beruf* (3. Aufl.). Reinbek.

Tietel, E. (2003). *Emotion und Anerkennung in Organisationen*. Münster.

Tietel, E. (2005). Institutionelle Triangulierung aus psychoanalytischer und systemischer Sicht. In Institut Triangel (Hrsg.), *Brücken und Tücken psychoanalytisch-systemischer Beratung* (S. 24–47). Berlin.

Ury, W.L. et al. (1991). *Konfliktmanagement*. Frankfurt/M., New York.

Utz, R. (1997). *Soziologie der Intrige*. Berlin.

van Kaldenkerken, C. (2003). Integration, Annäherung oder Abgrenzung? *Supervision, 2*, 94.

v. Hertel, A. (2004). Wie Mediation und Coaching sich ergänzen. *Wirtschaft & Weiterbildung*, 3/2004, 18–25.

v. Hertel, A. (2009). *Professionelle Konfliktlösung, Führen mit Mediationskompetenz*. Frankfurt/M., New York.

Wellendorf, F. (2000). Supervision als Institutionsanalyse und zur Nachfrageanalyse. In H. Pühl (Hrsg.), *Handbuch der Supervision 2* (S. 30–40). Berlin.

Willke, H. (1996). *Systemtheorie II: Interventionstheorie – Grundzüge einer Theorie der Intervention in komplexe Systeme* (2. bearb. Aufl.). Stuttgart.

Wimmer, R. (2016). Das Kreativitätspotenzial organisationaler Spannungsfelder nutzen – Rudi Ballreich im Gespräch mit Rudolf Wimmer. *Konfliktdynamik, 4*, 323–328.

Winnicott, W.D. (1974). *Reifungsprozesse und fördernde Umwelt*. München.

Yalom, I.D. (2016). *Denn alles ist vergänglich*. München.